· EX SITU FLORA OF CHINA ·

中国迁地栽培植物志

主编 黄宏文

MELASTOMATACEAE
野牡丹科

本卷主编 金红

中国林业出版社
China Forestry Publishing House

内容简介

本书收录了我国主要植物园迁地栽培的野牡丹科植物16属39种1变型。物种拉丁名主要依据 *Flora of China* 第十三卷；属和种均按照拉丁名字母顺序排列。每种植物介绍包括中文名、拉丁名、别名等分类学信息和自然分布、迁地栽培形态特征、引种信息、物候信息、迁地栽培要点及主要用途，并附彩色照片展示其物种形态学特征。为了便于查阅，书后附有植物园野牡丹科植物名录、各植物园的地理环境以及中文名和拉丁名索引。

本书可供农林业、园林园艺、环境保护等相关学科的科研和教学使用。

图书在版编目（CIP）数据

中国迁地栽培植物志. 野牡丹科 / 黄宏文主编；金红本卷主编.
—北京：中国林业出版社，2020.6
ISBN 978-7-5219-0545-8

Ⅰ.①中… Ⅱ.①黄… ②金… Ⅲ.①野牡丹科—引种栽培植物志—中国 Ⅳ.①Q948.52

中国版本图书馆CIP数据核字(2020)第065422号

ZHŌNGGUÓ QIĀNDÌ ZĀIPÉI ZHÍWÙZHÌ　YĚMǓDĀNKĒ

中国迁地栽培植物志·野牡丹科

出版发行：中国林业出版社
（100009 北京市西城区刘海胡同7号）
电　话：010-83143517
印　刷：北京雅昌艺术印刷有限公司
版　次：2020年7月第1版
印　次：2020年7月第1次印刷
开　本：889mm×1194mm　1/16
印　张：9
字　数：280千字
定　价：128.00元

《中国迁地栽培植物志》编审委员会

主　　　任： 黄宏文
常务副主任： 任　海
副　主　任： 孙　航　陈　进　胡永红　景新明　段子渊　梁　琼　廖景平
委　　　员（以姓氏拼音排序）：
　　　陈　玮　傅承新　郭　翎　郭忠仁　胡华斌　黄卫昌　李　标
　　　李晓东　廖文波　宁祖林　彭春良　权俊萍　施济普　孙卫邦
　　　韦毅刚　吴金清　夏念和　杨亲二　余金良　宇文扬　张　超
　　　张　征　张道远　张乐华　张寿洲　张万旗　周　庆

《中国迁地栽培植物志》顾问委员会

主　任： 洪德元
副主任（以姓氏拼音排序）：
　　　陈晓亚　贺善安　胡启明　潘伯荣　许再富
成　员（以姓氏拼音排序）：
　　　葛　颂　管开云　李　锋　马金双　王明旭　邢福武　许天全　张冬林
　　　张佐双　庄　平　Christopher Willis　Jin Murata　Leonid Averyanov
　　　Nigel Taylor　Stephen Blackmore　Thomas Elias　Timothy J Entwisle
　　　Vernon Heywood　Yong-Shik Kim

《中国迁地栽培植物志·野牡丹科》编者

主　　编：金　红（深圳市中国科学院仙湖植物园）

副 主 编：王　翙（广西大学）

　　　　　　杨红梅（深圳市中国科学院仙湖植物园）

编　　委（以姓氏拼音排序）：

　　　　　　丁友芳（厦门市园林植物园）

　　　　　　黄瑞兰（中国科学院华南植物园）

　　　　　　李秀娟（广西壮族自治区中国科学院广西植物研究所）

　　　　　　梁同军（江西省中国科学院庐山植物园）

　　　　　　杨婷婷（中国科学院西双版纳热带植物园）

　　　　　　尹　擎（中国科学院昆明植物研究所）

　　　　　　余丽莹（广西壮族自治区药用植物园）

　　　　　　昝艳燕（中国科学院武汉植物园）

主　　审：宁祖林（中国科学院华南植物园）

责任编审：湛青青（中国科学院华南植物园）

《中国迁地栽培植物志·野牡丹科》参编单位（数据来源）

深圳市中国科学院仙湖植物园（SZBG）

中国科学院华南植物园（SCBG）

中国科学院西双版纳热带植物园（XTBG）

广西壮族自治区中国科学院广西植物研究所（GXIB）

江西省中国科学院庐山植物园（LSBG）

中国科学院昆明植物研究所（KIB）

厦门市园林植物园（XMBG）

中国科学院武汉植物园（WHBG）

广西壮族自治区药用植物园（GMBG）

序 FOREWORD

中国是世界上植物多样性最丰富的国家之一，有高等植物约33000种，约占世界总数的10%，仅次于巴西，位居全球第二。中国是北半球唯一横跨热带、亚热带、温带到寒带森林植被的国家。中国的植物区系是整个北半球早中新世植物区系的孑遗成分，且在第四纪冰川期中，因我国地形复杂、气候相对稳定的避难所效应，又是植物生存、物种演化的重要中心，同时，我国植物多样性还遗存了古地中海和古南大陆植物区系，因而形成了我国极为丰富的特有植物，有约250个特有属、15000～18000特有种。中国还有粮食植物、药用植物及园艺植物等摇篮之称，几千年的农耕文明孕育了众多的栽培植物的种质资源，是全球资源植物的宝库，对人类经济社会的可持续发展具有极其重要意义。

植物园作为植物引种、驯化栽培、资源发掘、推广应用的重要源头，传承了现代植物园几个世纪科学研究的脉络和成就，在近代的植物引种驯化、传播栽培及作物产业国际化进程中发挥了重要作用，特别是经济植物的引种驯化和传播栽培对近代农业产业发展、农产品经济和贸易、国家或区域的经济社会发展的推动则更为明显，如橡胶、茶叶、烟草及众多的果树、蔬菜、药用植物、园艺植物等等。特别是哥伦布到达美洲新大陆以来的500多年，美洲植物引种驯化及其广泛传播、栽培深刻改变了世界农业生产的格局，对促进人类社会文明进步产生了深远影响。植物园的植物引种驯化对促进农业发展、食物供给、人口增长、经济社会进步发挥了不可比拟的重要作用，是人类农业文明发展的重要组成部分。我国现有约200个植物园引种栽培了高等维管植物约396科、3633属、23340种（含种下等级），其中我国本土植物为288科、2911属、约20000种，分别约占我国本土高等植物科的91%、属的86%、物种数的60%，是我国植物学研究及农林、环保、生物等产业的源头资源。因此，充分梳理我国植物园迁地栽培植物的基础信息数据既是科学研究的重要基础，也是我国相关产业发展的重大需求。

然而，我国植物园长期以来缺乏数据整理和编目研究。植物园虽然在植物引种驯化、评价发掘和开发利用上有悠久的历史，但适应现代植物迁地保护及资源发掘利用的整体规划不够、针对性差且理论和方法研究滞后。同时，传统的基于标本资料编纂的植物志也缺乏对物种基础生物学特征的验证和"同园"比较研究。我国历时45年，于2004年完成的植物学巨著《中国植物志》受到国内外植物学者的高度赞誉，但由于历史原因造成的模式标本及原始文献考证不够，众多种类的鉴定有待完善；中国植物志（英文版）虽弥补了模式标本和原始文献的考证的不足，但仍然缺乏对基础生物学特征的深入研究。

《中国迁地栽培植物志》将创建一个"活"植物志，成为支撑我国植物迁地保护和可持续利用的基础信息数据平台。项目将对我国植物园引种栽培的20000多种高等植物实地采集形态特征、物候信息、用途评价、栽培要领等综合信息和翔实的图片。从学科上支撑分类学修订、园林园艺、植物生物学和气候变化等研究；从应用上支撑我国生物产业所需资源发掘及利用。植物园长期引种栽培的植物与我国农林、医药、环保等产业的源头资源密切相关。由于人类大量活动的影响，植物赖以生存的自然生态系统遭到严重破坏，致使植物灭绝威胁增加；与此同时，绝大部分植物资源尚未被人类认识和充分利用；而且，在当今全球气候变化、经济高速发展和人口快速增长的背景下，植物园作为植物资源保存和发掘利用的"诺亚方舟"将在解决当今世界面临的食物保障、医药健康、工业原材料、环境变化等重大问题中发挥越来越大的作用。

《中国迁地栽培植物志》编研将全面系统地整理我国迁地栽培植物基础数据资料，对专科、专属、专类植物类群进行规范的数据库建设和翔实的图文编撰，既支撑我国植物学基础研究，又注重对我国农林、医药、环保产业的源头植物资源的评价发掘和利用，具有长远的基础数据资料的整理积累和促进经济社会发展的重要意义。植物园的引种栽培植物在植物科学的基础性研究中有着悠久的历史，支撑了从传统形态学、解剖学、分类系统学研究，到植物资源开发利用、为作物育种提供原始材料，及至现今分子系统学、新药发掘、活性功能天然产物等科学前沿乃至植物物候相关的全球气候变化研究。

《中国迁地栽培植物志》将基于中国植物园活植物收集，通过植物园栽培活植物特征观察收集，获得充分的比较数据，为分类系统学未来发展提供翔实的生物学资料，提升植物生物学基础研究，为植物资源新种质发现和可持续利用提供更好的服务。《中国迁地栽培植物志》将以实地引种栽培活植物形态学性状描述的客观性、评价用途的适用性、基础数据的服务性为基础，立足生物学、物候学、栽培繁殖要点和应用；以彩图翔实反映茎、叶、花、果实和种子特征为依据，在完善建设迁地栽培植物资源动态信息平台和迁地保育植物的引种信息评价、保育现状评价管理系统的基础上，以科、属或具有特殊用途、特殊类别的专类群的整理规范，采用图文并茂方式编撰成卷（册）并鼓励编研创新。全面收录中国大陆、香港、澳门、台湾等植物园、公园等迁地保护和栽培的高等植物，服务于我国农林、医药、环保、新兴生物产业的源头资源信息和源头资源种质，也将为诸如气候变化背景下植物适应性机理、比较植物遗传学、比较植物生理学、入侵植物生物学等现代学科领域及植物资源的深度发掘提供基础性科学数据和种质资源材料。

《中国迁地栽培植物志》总计约60卷册，10～20年完成。计划2015—2020年完成前10～20卷册的开拓性工作。同时以此推动《世界迁地栽培植物志》（*Ex Situ Flora of the World*）计划，形成以我国为主的国际植物资源编目和基础植物数据库建立的项目引领效应。今《中国迁地栽培植物志·野牡丹科》书稿付梓在即，谨此为序。

黄宏文
2020年5月于广州

前言 PREFACE

野牡丹科（Melastomataceae Juss.）隶属于桃金娘目（Myrtales），全世界约有165属5115种（Christenhusz and Byng, 2016）[①]，分布于热带和亚热带地区，主产热带地区，在不同生境中的多样性、特有性或丰富性水平使该科成为重要的生态类群，并且是进行各种进化研究的极佳模型（Reginato et al., 2016）[②]。我国有野牡丹科植物约21属114种，其中特有属5属、特有种72种（Chen & Renner, 2007），产西藏至台湾、长江流域以南各地区，本科植物常作药用，有的果可食，有的为酸性土指示植物或林下常见的小灌木（陈介等，1984）[③]。

我国植物园迁地保育了一批野牡丹科植物，但一直缺乏对迁地栽培的野牡丹科植物物种形态特征、物候资料等各方面的深入研究以及植物园间的比较研究。为此，我们邀请全国多个植物园收集野牡丹科的科研人员共同编研此书，充分利用植物园实地观察的优势，为野牡丹科植物的研究提供翔实的活体植物生长发育特征数据。编撰说明如下：

1. 本志收录国内各植物园迁地保育的野牡丹科植物16属39种1变型，其中列入《中国生物多样性红色名录——高等植物卷》（2013）的濒危物种1种（虎颜花），易危物种1种（短茎异药花），中国特有植物19种，境外分布植物4属8种。物种拉丁名主要依据 Flora of China（Chen and Renner, 2007）；属和种均按拉丁名字母顺序排列；科、属、种中文名主要依据 Flora of China（Chen and Renner, 2007）或《中国植物志》（第五十三卷第一分册）（陈介等，1984）。

2. 概述部分简要介绍野牡丹科植物的研究进展，包括野牡丹科种质资源概况、系统演化及分类、繁殖技术、药用及园林应用价值等。

[①] CHRISTENHUSZ M J M, BYNG J W, 2016. The number of known plants species in the world and its annual increase [J]. Phytotaxa, 261（3）: 201–217.
[②] REGINATO M, NEUBIG K M, MAJURE L C, et al, 2016. The first complete plastid genomes of Melastomataceae are highly structurally conserved [J]. Peer J, 4: e2715.
[③] 陈介，张宏达，缪汝槐，等，1984. 中国植物志 [M]. 北京: 科学出版社, 53（1）: 135–293.

3. 每种植物介绍包括中文名、拉丁名、别名等分类学信息和自然分布、迁地栽培形态特征、引种信息、物候、迁地栽培要点及主要用途，并附彩色照片。

4. 物种编写规范

（1）迁地栽培形态特征按茎、叶、花、果顺序分别描述。同一物种在不同植物园的迁地栽培形态有显著差异者，均进行客观描述。

（2）引种信息尽可能全面地包括：登录号/引种号+引种地点+引种材料；引种记录不详的，标注为"引种信息缺失"。

（3）物候按照萌芽期、展叶期、开花期、果熟期、落叶期/休眠期的顺序编写。

（4）本书共收录彩色照片262幅（除有注明作者的，其余均为本卷参编人员拍摄），包括各物种的植株、茎、叶、花、果、种子等，同时还对部分物种的种子形态、萌发情况进行了详细记录。

（5）对本志中包含的物种目前已经开展过的相关研究进行了物种研究概述。

5. 为便于读者进一步查阅，书后附有参考文献、植物园野牡丹科名录、各植物园的地理环境、中文名和拉丁名索引。

编写过程中，编者发现我国植物园在野牡丹科植物迁地保护工作中存在以下典型问题：

1. 物种收集与迁地保育严重不足

虽然中国不属于野牡丹科植物的主要分布区，但中国野牡丹科植物特有性很高。*Flora of China* 记录我国野牡丹科植物21属114种，其中特有属5属、特有种72种（Chen & Renner, 2007），中国特有种占比达63.2%，列入《中国生物多样性红色名录——高等植物卷》（环境保护部和中国科学院，2013）[④]的濒危植物（EN）2种、极危植物（CR）3种、易危植物（VU）5种。本志参编的9个植物园迁地栽培的野牡丹科植物仅16属39种1变型，有19种仅保存在一个植物园，其中中国特有植物19种，列入《中国生物多样性红色名录——

---

④ 环境保护部，中国科学院. 2013. 中国生物多样性红色名录——高等植物卷[EB/OL].[2013-09-02]. http://www.mee.gov.cn/gkml/hbb/bgg/201309/t20130912_260061.htm

高等植物卷》的受威胁植物被保育的濒危物种仅虎颜花1种、易危物种仅短茎异药花1种，我国野牡丹科本土植物收集与迁地保育亟待加强。为了有目标、有针对性地系统开展该科植物的收集工作，我们建议：①由于云南、广西、广东、海南是我国野牡丹科植物物种多样性较高的地区，这些地区的植物园可以将本地区的野牡丹科植物作为重点收集对象。②各植物园可将本地区特有、中国特有、珍稀濒危野牡丹科植物作为优先收集对象。

2. 植物信息记录缺失严重

本志收录的野牡丹科植物中，有10种植物引种记录缺失或记录不详，也没有登录号或缺乏登录管理；仅9种植物有完整物候观测，有4种植物缺乏物候观测，大多数植物仅有花果期物候。我国植物园普遍存在野牡丹科植物信息记录不完整和不规范问题，有的植物园引种记录严重缺失或记录不详，如深圳市中国科学院仙湖植物园栽培保育野牡丹科植物24种1变型，有11种植物引种记录缺失、1种植物引种记录不详。引种记录不完整不规范或引种资料未能及时归档，导致迁地保护植物来源不清、地理种源不明，严重影响了植物迁地保育及其数据记录的科学性。这些问题提醒我们在今后的迁地保护工作中必须做好引种和迁地保育数据的规范记录，并及时归档管理，重视物候观测，收集科学数据，长此以往，我们的迁地保护工作水平才能不断提升。

3. 科学研究亟待加强

中国科学院昆明植物研究所陈介研究员编研出版了《中国植物志·野牡丹科》及其英文修订版 *Flora of China · Melastomataceae* 等专著，奠定了中国野牡丹科研究基础。近20多年来，中国科学院华南植物园、深圳市中国科学院仙湖植物园、广州市林业和园林科学研究院、福建农林大学、中山大学、福建省热带作物科学研究所等研究机构陆续开展了野牡丹科植物的资源调查、系统分类、传粉生态学、园林应用、药用价值等方面的研究。但我国野牡丹科植物研究远不系统不深入。本志编研过程中我们发现，我国植物园对野牡丹科植物的引种保育、资源保护利用等相关工作尚不容乐观。例如，野牡丹科植物目前没有任何物种收录于《国家重点保护野生植物名录》第一批或第二批，仅有虎颜花被收录于《广东省重点保护野生植物名录（第一批）》。《中国生物多样性红色名录——高等植物卷》（2013）收录了野牡丹科极危（CR）植物3种、濒危（EN）植物1种1变种、易危（VU）植物5种。上述受威胁物种中，除虎颜花开展过资源调查、引种保育、野外回归等工作外，其他物种均缺乏深入研究。我国亟待开展较全面的野牡丹科植物资源调查，加强物种保育、科学研究和资源利用。

4. 本土植物资源开发与园林应用不足

我国目前用于园林绿化的野牡丹科植物几乎全部都为外来物种，常见的包括蒂牡花属的巴西野牡丹（*Tibouchina semidecandra*）、银毛野牡丹（*T. heteromalla*）、蒂牡花（*T. urvilleana*）、角茎野牡丹（*T. granulosa*）和蔓性野牡丹（*Heterotis rotundifolia*），此外，粉苞酸脚杆（*Medinilla magnifica*）也常被作为高档盆栽花卉出售，主要集中于紫色、粉红色观花小灌木应用到华南地区。而我国分布的本土野生野牡丹科植物基本都处于野生状态，罕有开发利用。实际上，我国原产的野牡丹属、虎颜花属、棱果花属、柏拉木属、锦香草属、野海棠属、谷木属、金锦香属等不少物种都具有很高的观赏价值，而且具有更广泛的应用空间。在保护野生资源的同时，我们应加强具有市场开发潜力的物种的收集、驯化、栽培、繁殖、新品种培育研究，让本土植物在园林应用、城市美化上发挥更大的作用。

本志是野牡丹科植物在我国植物园的收集、研究、利用情况的初步整理和探索，与迁地志其他卷册相比，不管是引种物种数量还是数据收集上，该卷册都显得单薄粗糙，这是我们不愿意看到但又不得不面对的现实。为了让读者对野牡丹科植物的研究现状有更深入的了解，我们对本志中包含的物种目前已经开展过的相关研究进行了简单梳理，详见各物种研究概述。经过此次梳理，我们必须承认，该科的植物资源调查、引种保育、系统分类、本土资源应用等方面，还有许多的工作亟待开展。希望借由此书的出版，带动我国植物园对野牡丹科植物的收集、研究，加强对该科珍稀濒危植物的保护，加大对该科本土植物的园林推广应用。

《中国迁地栽培植物志·野牡丹科》的编写工作得以顺利完成，要感谢在本书编写中引用参考文献的各位作者；感谢深圳市中国科学院仙湖植物园董慧博士对野牡丹科常见病虫害的鉴定。本书是数家植物园共同努力的成果，憾于部分引种记录数据的不完整、缺失，另加上编者学识水平有限，书中疏漏甚至错误之处在所难免，敬请读者批评指正。

本书承蒙以下研究项目的大力资助：科技基础性工作专项——植物园迁地栽培植物志编撰（NO.2015FY210100）；中国科学院华南植物园"一三五"规划（2016-2020）——中国迁地植物大全及迁地栽培植物志编研；生物多样性保护重大工程专项——重点高等植物迁地保护现状综合评估；国家基础科学数据共享服务平台——植物园主题数据库；中国科学院核心植物园特色研究所建设任务：物种保育功能领域；广东省数字植物园重点实验室；中国科学院科技服务网络计划（STS计划）——植物园国家标准体系建设与评估（KFJ-3W-No1-2）。在此表示衷心感谢！

编者
2020年5月

目录 CONTENTS

序 ········006
前言 ········008
概述 ········015
    一、野牡丹科植物种质资源概况 ········016
    二、野牡丹科植物的系统演化及分类 ········017
    三、野牡丹科植物的异型雄蕊现象 ········017
    四、野牡丹科植物的药用价值 ········019
    五、野牡丹科植物的繁殖 ········020
    六、野牡丹科植物的观赏价值及园林应用 ········021
    七、野牡丹科常见病虫害及防治 ········022

各论 ········025
    野牡丹科分属检索表 ········026
    棱果花属 Barthea Hook. ········027
        1 棱果花 Barthea barthei (Hance ex Benth.) Krasser ········028
    柏拉木属 Blastus Lour. ········030
        柏拉木属分种检索表 ········030
        2 柏拉木 Blastus cochinchinensis Lour. ········031
        3 少花柏拉木 Blastus pauciflorus (Benth.) Guillaumin ········033
        4 刺毛柏拉木 Blastus setulosus Diels ········035
    野海棠属 Bredia Bl. ········037
        野海棠属分种检索表 ········037
        5 叶底红 Bredia fordii (Hance) Diels ········038
        6 小叶野海棠 Bredia microphylla H. L. Li ········040
        7 短柄野海棠 Bredia sessilifolia H. L. Li ········042
        8 鸭脚茶 Bredia sinensis (Diels) H. L. Li ········044
    异药花属 Fordiophyton Stapf ········046
        异药花属分种检索表 ········046
        9 短茎异药花 Fordiophyton brevicaule C. Chen ········047
        10 大明山异药花 Fordiophyton damingshanense S. Y. Liu & X. Q. Ning ········049
        11 异药花 Fordiophyton faberi Stapf ········051
    四瓣果属 Heterocentron Hook. & Arn. ········054
        12 蔓茎四瓣果 Heterocentron elegans (Schltdl.) Kuntze ········055
    蔓性野牡丹属 Heterotis Benth. ········057
        13 蔓性野牡丹 Heterotis rotundifolia (Sm.) Jacq.-Fél. ········058
    酸脚杆属 Medinilla Gaudich. ········061
        酸脚杆属分种检索表 ········061
        14 吊灯酸脚杆 Medinilla cummingii Naudin ········062
        15 台湾酸脚杆 Medinilla formosana Hayata ········064

16 酸脚杆 *Medinilla lanceata* (M. P. Nayar) C. Chen ··········066
17 粉苞酸脚杆 *Medinilla magnifica* Lindl. ··········068
18 北酸脚杆 *Medinilla septentrionalis* (W. W. Sm.) H. L. Li ··········071

野牡丹属 *Melastoma* L.
野牡丹属分种检索表 ··········072
19 地菍 *Melastoma dodecandrum* Lour. ··········073
20 细叶野牡丹 *Melastoma intermedium* Dunn ··········076
21 野牡丹 *Melastoma malabathricum* L. ··········078
22 白花野牡丹 *Melastoma malabathricum* D. Don f. *albiflorum* J. C. Ou ··········081
23 毛菍 *Melastoma sanguineum* Sims ··········085

谷木属 *Memecylon* L.
谷木属分种检索表 ··········088
24 天蓝谷木 *Memecylon caeruleum* Jack ··········089
25 谷木 *Memecylon ligustrifolium* Champ. ex Benth. ··········091
26 黑叶谷木 *Memecylon nigrescens* Hook. & Arn. ··········093
27 棱果谷木 *Memecylon octocostatum* Merr. & Chun ··········095

金锦香属 *Osbeckia* L.
金锦香属分种检索表 ··········097
28 金锦香 *Osbeckia chinensis* L. ··········098
29 星毛金锦香 *Osbeckia stellata* Buch.–Ham. ex Ker Gawl. ··········100

尖子木属 *Oxyspora* DC.
30 尖子木 *Oxyspora paniculata* (D. Don) DC. ··········103

锦香草属 *Phyllagathis* Blume
锦香草属分种检索表 ··········106
31 锦香草 *Phyllagathis cavaleriei* (H. Lév. et Van.) Guillaum ··········107
32 红敷地发 *Phyllagathis elattandra* Diels ··········109

肉穗草属 *Sarcopyramis* Wall.
肉穗草属分种检索表 ··········111
33 肉穗草 *Sarcopyramis bodinieri* H. Lév. & Vaniot ··········112
34 楮头红 *Sarcopyramis napalensis* Wall. ··········114

蜂斗草属 *Sonerila* Roxb.
35 蜂斗草 *Sonerila cantonensis* Stapf ··········117

蒂牡花属 *Tibouchina* Aubl.
蒂牡花属分种检索表 ··········119
36 角茎野牡丹 *Tibouchina granulosa* (Desr.) Cogn. ··········120
37 银毛野牡丹 *Tibouchina heteromalla* (D. Don) Cogn. ··········123
38 巴西野牡丹 *Tibouchina semidecandra* D. (Mart.& Schrank ex DC.) Cogn. ··········125
39 蒂牡花 *Tibouchina urvilleana* (DC.) Cogn. ··········129

虎颜花属 *Tigridiopalma* C. Chen
40 虎颜花 *Tigridiopalma magnifica* C. Chen ··········132

参考文献 ··········133
附录1 植物园野牡丹科植物名录 ··········139
附录2 植物园地理环境 ··········140
中文名索引 ··········142
拉丁名索引 ··········143

概述
Summary

野牡丹科（Melastomataceae）植物资源丰富，全世界约165属5115余种（Christenhusz and Byng，2016）。化石资料显示野牡丹科植物花粉化石最早出现在南美洲哥伦比亚的新生代第三纪古新世，起源地可能是冈瓦纳古陆的北部，现在广泛分布于各大洲热带和亚热带南缘，主产美洲（陈介，1989）。本科植物形态多样，花色艳丽而丰富，一年中各个季节都有鲜花盛开，以5~9月居多，可有效弥补我国园林夏季缺少花卉景观的不足。野牡丹科植物可庭院孤植、群植或作为地被植物以及布置花坛等。这些独特的观赏优势已经引起越来越多园林工作者的关注，应用前景广阔。

我国对野牡丹科植物的系统研究兴起于20世纪80年代（陈介，1983）。近年来，我国学者对野牡丹科植物种质资源开展了比较系统的调查、收集、鉴定和评价工作，信宜锦香草（*Phyllagathis xinyiensis*）、大明山异药花（*Fordiophyton damingshanense*）等我国独有的野牡丹科植物陆续被发现（冯志坚等，1994；宁小清和刘寿养，2010）。然而，这些野牡丹科植物仍处于野生状态，其观赏价值并未得到充分利用。为加快推进野牡丹科植物的园林应用，一方面，国内部分植物园及研究机构相继建立了野牡丹科植物资源圃，对野牡丹科植物主要园艺性状、抗逆性、抗病虫性和品质特性进行评价（尹俊梅等，2006；朱纯，2008；赖菊云，2011；代色平等，2012）。另一方面，深圳市中国科学院仙湖植物园、中国科学院华南植物园等植物园已从国外引进观赏价值高、具有某些优良性状的野牡丹科植物开展引种驯化和种质创新研究，如花型独特的粉苞酸脚杆（*Medinilla magnifica*）、具独特银色毛的银毛野牡丹（*Tibouchina heteromalla*）、超长花期和色彩明快的蒂牡花（*T. urvilleana*）以及多季开花的巴西野牡丹（*T. semidecandra*）等。据了解，巴西野牡丹已广泛用于深圳、广州等华南地区的园林绿化中，这是野牡丹科植物在园林应用中的一个很好例子。

野牡丹科中的许多植物还是传统的药用植物，具清热解毒、收敛止血的功效，可治痢疾、腹泻、溃疡、支气管炎及妇科炎症、肿毒疮疖、跌打刀伤等症，如野牡丹（*Melastoma candidum*）、地菍（*M. dodecandrum*）、毛菍（*M. sanguineum*）等等（姚亮亮等，2010）。此外，在长期的进化过程中，野牡丹科植物许多属（如野牡丹属）雄蕊异化。这种异型雄蕊的现象日益引起生物学家的兴趣，对其进行研究将有助于我们理解植物繁殖的行为和过程，对于濒危植物保育措施的制定有重要意义。

一、野牡丹科植物种质资源概况

我国野牡丹科植物约21属114种（Chen & Renner，2007），广东省、福建省、湖南省和海南省等地是我国重要的野牡丹科观赏植物产区，已经开展了比较全面的种质资源调查工作。广东省野牡丹科植物共14属57种9变种，具观赏价值的有43种3变种，具有药用价值的22种1变种（范建红等，2002）；湖南省共分布野牡丹科植物10属33种和2变种（曹瑜等，2010）；福建省野牡丹科植物有10属22种4变种，其中17种具有观赏价值（林秀香等，2003）；海南省野牡丹科植物12属30种和1变种（尹俊梅等，2006）。广西、云南和西藏的野牡丹科植物大部分处于野生状态，需进一步调查研究。通过调查，在广东、广西和海南等地发现了一批我国特有的、珍稀的野牡丹科植物。如心叶异药花（*Fordiophyton cordifolium*）、信宜锦香草（*Phyllagathis xinyiensis*）仅分布于粤西的信宜地区，成片分布于信宜大雾岭自然保护区核心区密林下（冯志坚等，1994）。三瓣锦香草（*P. ternate*）仅分布于粤西的信宜地区以及海南省的保亭县（周仕顺和王洪，2005）。虎颜花（*Tigridiopalma magnifica*）仅在广东省阳春鹅凰嶂、信宜大雾岭、高州市林下溪边或水沟边石壁上有成片的分布（李龙娜等，2009；代色平等，2012）。红毛卷花丹（*Scorpiothyrsus erythrotrichus*）、卷花丹（*S. xanthostictus*）、短葶无距花（*Stapfiophyton breviscapum*）仅分布于广东省和海南省，但是近年来也有人在福建、湖南等地发现这些植物的踪迹（王瑞江，1998）。

另外，在福建发现的蜂斗草新种——三脉蜂斗草（*Sonerila trinervis*）仅见于长汀县圭龙山省级自然保护区大悲山片区（林沁文，2015），在广西大明山地区所发现的大明山异药花（*Fordiophyton damingshanense*），其形态与产于福建、广西等地的异药花近似，但在叶片基出脉数量、花序和长雄蕊形态有明显区别（宁小清和刘寿养，2010）。最近有报道，在广东大雾岭自然保护区内发现一种植物特征与毛菍类似但叶片为7基出脉的野牡丹科植物，有待于进一步确定其归属（金红等，2012）。可见，进一步开展野牡丹科植物种质资源的调查工作，尤其是广西、云南和西藏地区，将继续丰富我国野牡丹科植物收集种类，为以后深入研究奠定坚实的基础。

二、野牡丹科植物的系统演化及分类

野牡丹科雄蕊多数、子房多室、胚珠多数，说明该科仍属于原始的类型，但各特征中数量减化，雄蕊药隔特化，子房下位等特征，说明该科是从原始向次原始或稍进化类型过渡的一个科（林有润，1996）。从花粉特征看，本科或桃金娘目（Myrtales）具三孔沟的花粉，是直接从离心皮类单沟花粉进化而成。结合花粉及其他形态特性看，本科可能是在原离心皮类祖先种在进化为蔷薇目祖先种（Pro-Rosales）过程中，从现已灭绝的原始蔷薇目祖先种（Pro-Rosales），特别是蔷薇科、蔷薇亚科的祖先种（Pro-Rosoideae）直接分化、衍生出的原始的桃金娘目（Pro-Myrtales），再衍生出桃金娘目，含隐翼科（Crypteroniaceae）、千屈菜科（Lythraceae）、安石榴科（Punicaceae）、红树科（Rhizophoraceae）、海桑科（Sonneratiaceae）、柳叶菜科（Onagraceae）、使君子科（Combretaceae）、玉蕊科（Lecythidaceae）、桃金娘科（Myrtaceae）及野牡丹科等的属与种（林有润，1996）。

我国野牡丹科植物共计21属，特有的有5属（Chen & Renner，2007）。目前对于野牡丹科的分类学研究多集中于野牡丹属植物。由于野牡丹属植物分布较广，形态特征变异较大，长期以来学术界对该属植物的分类并未形成统一意见。*Flora of China*（Chen & Renner，2007）认可该属植物有22种，在中国境内分布的仅为5种，其中将多花野牡丹（*Melastoma affine*）、展毛野牡丹（*M. normale*）和野牡丹（*M. candidum*）合并为同1种野牡丹（*M. malabathricum*），这一点目前在国内仍存在争议。野牡丹属植物表型多样性研究（戴小红等，2014）和叶片形态特征分析（陈进燎等，2013）表明，展毛野牡丹和多花野牡丹可能具有最近的亲缘关系，二者与细叶野牡丹（*M. intermedium*）的亲缘关系较近，与野牡丹的亲缘关系则可能较远。孢粉学研究也显示野牡丹、展毛野牡丹、多花野牡丹的花粉极面观、孔沟延伸程度和花粉外壁纹饰差异显著，有学者推测野牡丹是最为原始的类型，展毛野牡丹和多花野牡丹均较其进化（刘雪凝等，2012）。但分子生物学证据显示展毛野牡丹、野牡丹、多花野牡丹与细叶野牡丹、毛菍（*M. sanguineum*）具有完全一样的nrITS和trnL-trnF序列，这说明这5个物种之间存在非常近的亲缘关系。而地菍（*M. dodecandrum*）与这5个物种无论在nrITS还是trnL-trnF序列都差异甚大，是一个相对孤立的物种。从形态上看，地菍为小灌木，其他5个物种均属灌木或者木本，有人甚至提议将地菍另立一个新的属（代色平等，2013）。由此可见，利用形态学、细胞学、孢粉学以及现代分子生物学方法研究野牡丹属植物分类问题已取得了初步成果，但真正厘清其分类规律还需进一步论证。

三、野牡丹科植物的异型雄蕊现象

异型雄蕊指一朵花内的雄蕊在形态、大小、颜色等方面有显著区别，并存在不同程度分工的现象，这种异型雄蕊具有保护繁殖用的花粉和促进异花授粉的作用（罗中莱和张奠湘，2006）。野牡丹科是异型雄蕊分布比较集中的科，野牡丹属（*Melastoma*）、尖子木属（*Oxyspora*）、偏瓣花属（*Plagiopetalum*）、药囊花属（*Cyphotheca*）、棱果花属（*Barthea*）、野海棠属（*Bredia*）、异药花属（Fordiophyton）和藤牡丹属（Diplectria）均存在异型雄蕊的现象。研究表明上述植物的花是虫媒花，它们的传粉和授粉是依靠昆虫完成的，这些昆虫主要是蜂类中的熊蜂（Bombus spp.）、木蜂（Xylocopa spp.）、胡蜂（Vespa spp.）、无刺蜂（Trigona spp.）或蜜蜂（Apis spp.）（陈介，1989）。

早在1862年，达尔文（Darwin，1862）就提出雄蕊的功能分化假说来解释雄蕊异型现象，后续许多学者对这一假说进行过验证（Müller，1881；Wolfe et al.，1991；Gross & Kukuk，2001；Luo et al.，2008），但目前尚未形成定论。Forbes（1882）观察到木蜂、熊蜂在访问同一种野牡丹属植物的花朵时会直接飞向花中心黄色雄蕊，而不会理会紫色的雄蕊和花柱。多花野牡丹主要的传粉昆虫木蜂访花时只取食短雄蕊（给食型雄蕊），未见取食外轮长雄蕊（传粉型雄蕊）（彭东辉等，2008；Luo et al., 2008）。野牡丹的主要传粉昆虫木蜂在访花时只采食内轮黄色花药里的花粉，人工去除紫色雄蕊后昆虫的访花频率与自然对照没有显著性差异，而去除黄色雄蕊后昆虫的访花频率明显下降（路国辉等，2009），这说明野牡丹两种雄蕊在传粉过程中存在一定的功能分化，内轮黄色雄蕊起招引昆虫作用，其花粉为昆虫提供食物，而外轮紫色雄蕊起传粉作用。但野牡丹两种雄蕊的花粉活性，花粉组织化学成分和人工控制授粉后的结实率都没有显著性差异，表明这两种雄蕊在生理结构上还没分化（路国辉等，2009）。另外，多花野牡丹另一种主要传粉昆虫无垫蜂（Amegilla sp.）对这两种雄蕊的访问并无选择性（路国辉等，2009；Gross et al.，1993；Gross and Kukuk，2001），对同为野牡丹属的地菍进行观察获得了相似的结果（罗中莱和张奠湘，2005）。金红等（2015）对栽培于深圳市中国科学院仙湖植物园的白花野牡丹（Melastoma malabathricum f. albiflorum）花期进行观察发现：白花野牡丹花期的访花昆虫有2目5科13种，其中传粉昆虫有2科6种，包括领木蜂（Xylocopa collaris）、东亚无垫蜂〔Amegilla（Zonamegilla）parhypate〕、蓝彩带蜂（Nomia chalybeata）、彩带蜂（Nomia sp.）、中华蜜蜂（Apis cerana cerana）和绿芦蜂（Pithitis smaragdula）。白花野牡丹花

巴西野牡丹（*Tibouchina semidecandra*）的异型雄蕊

野牡丹（*Melastoma malabathricum*）的异型雄蕊

粉是传粉昆虫的唯一报酬；各传粉昆虫的访花行为与白花野牡丹的开花进程密切相关，因此，可以有效保证白花野牡丹的繁殖。白花野牡丹的2种雄蕊是否存在功能分化还需要进一步的研究。

四、野牡丹科植物的药用价值

野牡丹科中不少植物全株（草）、根、叶以及果实或花均可入药，具有祛风除湿、理气止痛、清热解毒、利水消肿、活血止痛等作用，主治风湿痹痛、消化不良、多种出血、咳嗽、月经不调、痛经、产后腹痛、疮疡肿毒及跌打损伤等各科病症。目前我国野牡丹科植物中具有药用价值的共有17属63种，主要集中在金锦香属（*Osbeckia*）、野海棠属（*Bredia*）、蜂斗草属（*Sonerila*）、锦香草属（*Phyllagathis*）、柏拉木属（*Blastus*）、野牡丹属（*Melastoma*）。另外，肉穗草属（*Sarcopyramis*）、异药花属（*Fordiophyton*）、谷木属（*Memecylon*）、尖子木属（*Oxyspora*）、酸脚杆属（*Medinilla*）等属部分植物也具有一定药用价值（常章富等，2008）。

迄今在野牡丹属（*Melastoma*）、金锦香属（*Osbeckia*）、谷木属（*Memecylon*）、野海棠属（*Bredia*）、酸脚杆属（*Medinilla*）、药囊花属（*Cyphotheca*）以及蒂牡花属（*Tibouchina*）、四瓣果属（*Heterocentron*）、*Henriettla*、*Monochaetum*等10属植物中发现的化学成分主要有鞣质、黄酮、氨基酸、脂肪族、甾体及萜等化合物154种，其中简单多酚6种、单聚水解鞣质25种、二聚水解鞣质10种、三聚水解鞣质6种、四聚水解鞣质5种、五聚水解鞣质4种、杂合鞣质15种、缩合鞣质1种、游离黄酮及其苷类26种、黄烷类5种、花色素类7种、氨基酸10种、脂肪族12种、甾体及萜16种、其他化合物6种。这些化合物具有护肝、降血糖、降血压、抑制Maillard反应终产物AGE的生成、抗氧化、抗菌、抗病毒、细胞毒作用、避孕、抗炎、止血等作用（陈冠等，2006）。

在临床上，地菍主要用于治疗高热、肿痛、咽喉肿痛、牙痛、赤白血痢疾、黄疸、水肿痛经、产后腹泻、崩漏带下、痢疾便血、痈肿疔疮、毒蛇咬伤等病症（程森等，2014）。同时，地菍中含量丰富的多糖和黄酮类化合物具有较高的开发应用价值，对其深入研究将对抗糖尿病药物、抗心脑血管疾病药物、抗衰老药物以及抗肿瘤药物等的研发具有重要意义（李丽等，2011）。野牡丹对治疗腹泻、腹痛、痢疾、便血等症效果明显，疗效确切，并且具有抗高血压，拮抗单胺氧化酶B作用和自由基清除活性，是潜在的抗衰老和治疗神经退行性病变的天然药物（刘慧等，2008；姚亮亮等，2010）。多花野牡丹可用于治疗痢疾、腹泻、消化道出血、外伤以及宫颈糜烂等妇科疾病（宫晶梅等，1997；常章富等，2008）。细叶野牡丹可以用于热痢、口疮、疮肿、毒蛇咬伤疾病的治疗（常章富等，2008）。楮头红（*Sarcopyramis napalensis*）对急性肝炎疗效极佳，对慢性肝炎及乙肝病毒携带者亦可起治疗作用（陈华栋，2009）。金锦香（*Osbeckia chinensis*）对肠道感染、小儿急性腹泻等起到消炎和收敛止泻作用，并且能治疗胃炎和痢疾等消化道出血疾病（赵友兴等，2011）。假朝天罐（*Osbeckia crinita*）对早期鼻咽癌、乳腺癌的防治有一定效果（陈红峰等，2003）。此外，野牡丹科其他植物也广泛用于临床各种疾病的治疗，在此不一一赘述。

五、野牡丹科植物的繁殖

野牡丹科植物可以通过种子繁殖、分株繁殖、组培快繁和扦插繁殖等方式进行繁殖。对于大部分野牡丹科植物而言，种子数量大，使用种子繁殖不失为一个理想的繁殖途径。但从种子萌发到植株开花要2～4年时间，另外，种子繁殖也不利于保存一些具有优良性状的单株。分株繁殖的繁育系数较低，组培快繁技术要求比较高，目前已有不少野牡丹科植物开发出组培再生体系，可用于工厂化生产（表1）。扦插繁殖不仅有利于保存优良性状的单株、缩短从繁殖到开花的时间，而且效率高、技术要

表1 野牡丹科植物组织培养概况

序号	物种	拉丁名	组培外植体	文献
1	秀丽野海棠	*Bredia amoena*	叶片	林骏烈等，2009；洪震等，2015
2	肥肉草	*Fordiophyton fordii*	幼叶	刘连芬等，2007
3	多花野牡丹	*Melastoma affine*	花柄和幼嫩叶片	马国华等，2004；肖晓蓬，2008
4	野牡丹	*M. candidum*	花柄	马国华等，2004
5	白花野牡丹	*M. malabathricum* f. *albiflorum*	节茎	陈刚等，2017
6	地菍	*M. dodecandrum*	幼嫩茎尖或腋芽	马国华等，2000
7	铺地锦	*M. dodecandrum*	幼嫩茎段	戴小英等，2004
8	细叶野牡丹	*M. intermedium*	茎段	黄晖，2012；杨利平等，2012
9	印度野牡丹	*M. malabathricum*	带节茎段，叶片	伍成厚等，2006
10	展毛野牡丹	*M. normale*	幼嫩茎段	唐艳等，2010
11	毛菍	*M. sanguineum*	嫩梢茎段	伍成厚，2015
12	朝天罐	*Osbeckia opipara*	茎段	胡松梅等，2009
13	叶底红	*Phyllagathis fordii*	叶片	蔡坤秀等，2010
14	肉穗草	*Sarcopyramis bodinieri*	顶芽和带节的嫩茎段	周以飞等，2005；张绪璋等，2008
15	角茎野牡丹	*Tibouchina granulosa*	单节茎段	江碧玉等，2010
16	虎颜花	*Tigridiopalma magnifica*	无菌种子播种和试管育苗、幼嫩叶片	李龙娜等，2006；

求又相对简单，因而在生产当中经常用到。地菍、野牡丹、细叶野牡丹扦插繁殖容易，由于地菍具有匍匐生长的特点，在园林绿化中已有采用生产"地菍卷"的方式作为优良的地被植物加以推广。

金红等（2016）通过花粉萌发、杂交指数、花粉—胚珠比及人工授粉试验等方法测定了白花野牡丹的繁育系统。结果显示：白花野牡丹为雌雄异熟，柱头先花药成熟；雄蕊异型，2类雄蕊产生的花粉粒极轴长有差别，萌发率也不同；杂交指数（OCI）为4，花粉—胚珠比（P/O）约为417.6～1035.2；在自然条件下白花野牡丹不能自花授粉，繁殖需要传粉者参与，没有无融合生殖，自交亲和与异交亲和；白花野牡丹的繁育系统为自交亲和的异花授粉植物，需要传粉者。繁育系统为兼性异交。

杨向娜等（2016）以白花野牡丹种子为试验材料，采用培养皿纸上法，分别研究了不同温度处理、不同时间低温（4℃）预处理及不同体积分数硝酸盐类、赤霉素GA_3和聚乙二醇PEG6000处理对种子萌发的影响。结果表明：在恒温（25℃）条件下种子的萌发率较室温（日平均温度16℃）下的高。不同时间低温预处理均可以促进黄色种子萌发，其中12小时预处理萌发率最高。在室温下，不同体积分数硝酸盐类、PEG6000 和 GA_3 处理都可以大幅增加黄色种子萌发率；而在恒温（25℃）下，0.1%、0.2%硝酸盐对种子萌发无影响，0.4%硝酸盐抑制种子萌发；0.1%、0.5%、1% PEG6000处理和50、100mg/L GA_3处理均对种子萌发率无影响。

六、野牡丹科植物的观赏价值及园林应用

野牡丹科植物通常植株丰满，聚伞花序着生于枝条顶端，花朵娇美，花瓣艳丽，花色多样，观赏价值极高，部分植物的花期在华南地区甚至横跨全年，花谢花开络绎不绝，可达到长期绿化、美化的效果。由于野牡丹科植物对环境的适应性强，对土质要求不高，砂砾地亦能存活，生长速度快，耐旱耐瘠，耐阴耐践踏，可粗放管理，在园林应用中既可以布置花坛、花篱，又可作地被植物，也可室内观赏，具有广阔的应用前景。

广东信宜市大雾岭的虎颜花（*Tigridiopalma magnifica*）

仙湖植物园阴生区的粉苞酸脚杆（*Medinilla magnifica*）

地菍、细叶野牡丹、野牡丹、蒂牡花、巴西野牡丹和银毛野牡丹等野牡丹科植物可大规模应用于广州及周边地区园林绿化。蒂牡花、巴西野牡丹植株株形紧凑美观，分枝力强，为少见的浓艳紫色花植物，且生长速度快，适应性强，可以作为优良的灌木及盆花植物。野牡丹株形紧凑丰满，自然分枝性强，景观效果好，适应性强，为优良的灌木及盆花植物。银毛野牡丹株形较分散，但叶色美观，花紫色，适应性强，为优良的灌木植物。细叶野牡丹植株低矮，既有匍匐茎，又有20～30cm的直立茎，茎叶紧密，株形紧凑，生长速度快，嫩叶秋冬季转红色，景观效果好，是优良的盆花和花坛植物。地菍株形较为紧凑，花期长，沿地面匍匐生长，宜作为地被观花植物。叶底红植株低矮小巧，形态优美，周年可开花，为优良的灌木及盆花植物；越夏性差，但因其具有耐阴湿等特点，也可栽于林下湿润的地方或庭院荫蔽处作地被植物（林秋金等，2010）。

在室内盆栽花卉方面，野牡丹科中有著名花卉"宝莲灯"，即粉苞酸脚杆，原产于菲律宾、马来西亚等热带雨林地区，已被成功开发成高档花卉。我国的野牡丹科植物中野牡丹属、锦香草属、虎颜花属植物株形优美，叶形奇特，花大艳丽，色彩丰富，且耐阴湿，适合作室内盆栽观赏。锦香草叶形奇特，花瓣粉紫红色、紫色，喜阴湿，宜盆栽。虎颜花叶形奇特，蝎尾状聚伞花序，花瓣暗红色，盛花期花多而艳丽，是理想观花观叶植物。另外，该科的其他种类，如楮头红、肥肉草、锦香草、短葶无距花、金锦香等也具有很好的开发前景。

七、野牡丹科常见病虫害及防治

野牡丹科植物抗逆性强，较少感染病虫害。生长期病害主要为炭疽病，虫害主要为叶甲。其防治可参照常见花卉炭疽病及叶甲防治方法处理。

（1）炭疽病

一般从叶尖开始发病，病斑不规则形，灰褐色至枯白色，边缘褐色。随着病害的扩展，病斑逐渐蔓延到叶片中部，严重时整叶发病，造成叶片死亡。

防治措施：①例行田间卫生工作：剪除枯枝及发病枝条，扫除掉落的枝叶，并集中烧毁。②加强养护管理，注意种植密度，做好排水，保持环境空气流通。③可用80%代森锰锌可湿性粉剂800倍液或75%百菌清可湿性粉剂1000倍液等药剂喷雾防治。

（2）褐斑病

主要危害叶片。病斑圆形或不定型，紫褐色至暗褐色，病斑周围大部分黄色。

防治措施：①冬季搞好田园卫生，清除病枝落叶，消灭越冬病源。②加强养护管理，注意种植密度，节制降水，降低田间湿度，控制病害的发生发展。③发病初期用75%百菌清可湿性粉剂800～1000倍液、或70%甲基硫菌灵可湿性粉剂1000倍液。每隔10～15天1次，连续2～3次，控制病害的发展。

虎颜花（*Tigridiopalma magnifica*）和吊灯酸脚杆（*Medinilla cummingii*）叶片的褐斑病

（3）叶甲

鞘翅目叶甲科昆虫，以成虫为害，将叶片咬成孔洞或缺刻，严重时仅残留主脉及叶脉。成虫有假死性，受惊时即坠地不动，几分钟后又回原地继续为害。

防治措施：严重为害时，于清晨或阴天，用80%敌敌畏乳油1000倍液，或10%氯氰菊酯乳油3000～4000倍液喷洒防治。

野牡丹属（*Melastoma*）和蒂牡花属（*Tibouchina*）叶片被叶甲取食

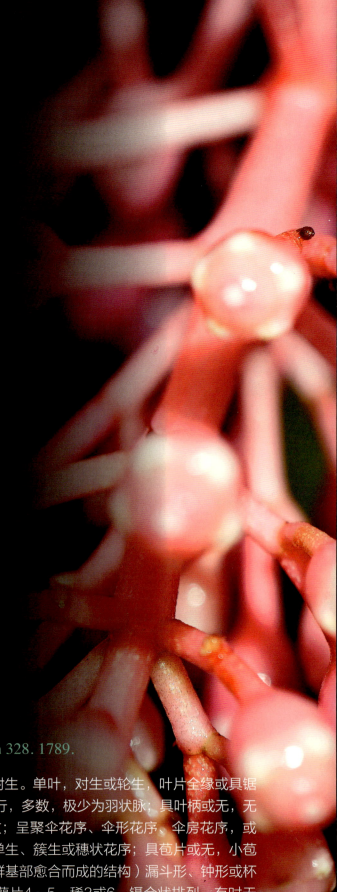

野牡丹科

Melastomataceae A. L. Jussieu, Genera Plantarum 328. 1789.

草本、灌木或小乔木，直立或攀援，地生或少数附生。单叶，对生或轮生，叶片全缘或具锯齿，通常为3~5（~7）基出脉，稀9条，侧脉通常平行，多数，极少为羽状脉；具叶柄或无，无托叶。花两性，辐射对称，通常为4~5数，稀3或6数；呈聚伞花序、伞形花序、伞房花序，或由上述花序组成的圆锥花序，或蝎尾状聚伞花序，稀单生、簇生或穗状花序；具苞片或无，小苞片对生，常早落；被丝托（由花托、花被基部和雄蕊群基部愈合而成的结构）漏斗形、钟形或杯形，常四棱，与子房基部贴生，常具隔片，稀分离；萼片4~5，稀3或6，镊合状排列，有时无萼片；花瓣通常具鲜艳的颜色，着生于被丝托喉部，与萼片互生，通常呈螺旋状排列或覆瓦状排列，常偏斜；雄蕊为花被片的2倍或同数，与萼片及花瓣两两对生，或与萼片对生，异型或同型，等长或不等长，着生于萼管喉部，分离，花蕾时内折；花丝丝状，常向下渐粗；花药2室，极少4

各论
Genera and Species

室,通常单孔开裂,稀2孔裂,更少纵裂;药隔通常膨大,下延成长柄或短距,或各式形状,基部具小瘤或附属体或无;子房下位或半下位,稀上位,子房室与花被片同数或1室,顶端具冠或无,花柱单1,柱头点尖;中轴胎座或特立中央胎座,稀侧膜胎座,胚珠多数或数枚。蒴果或浆果,蒴果通常顶孔开裂,与宿存被丝托贴生,浆果不开裂;种子极小,通常长不到1mm,近马蹄形或楔形,稀倒卵形,无胚乳,胚小且直立,通常与种子同形,或种子1枚,胚弯曲。

约156～166属,4500余种,分布于各大洲热带及亚热带地区,以美洲最多。我国有22属,130余种,产西藏至台湾、长江流域以南各地。我国主要植物园共迁地保育国内外野牡丹科植物16属39种1变种。

本科植物常作药用,有的果可食。有的为酸性土指示植物或林下常见的小灌木。

野牡丹科分属检索表

1a. 子房1室；种子1粒，大，直径4mm以上，胚大 ················· 9. 谷木属 *Memecylon*
1b. 子房（2～）4～5（～6）室；种子很多，小，长约1mm，胚极小。
   2a. 花3数 ··· 14. 蜂斗草属 *Sonerila*
   2b. 花4～5数。
      3a. 种子弯曲。
         4a. 种子马蹄状弯曲。
            5a. 雄蕊8～10，同型 ·································· 10. 金锦香属 *Osbeckia*
            5b. 雄蕊10，异型 ···································· 8. 野牡丹属 *Melastoma*
         4b. 种子螺旋形弯曲。
            6a. 花4数，雄蕊8 ····································· 5. 四瓣果属 *Heterocentron*
            6b. 花5数，雄蕊10。
               7a. 草本，半灌木，平卧，稀直立 ················ 6. 蔓性野牡丹属 *Heterotis*
               7b. 小灌木或草本，稀小乔木，直立 ············· 15. 蒂牡花属 *Tibouchina*
      3b. 种子不弯曲，呈长圆形，倒卵形、楔形或倒三角形。
         8a. 浆果，不开裂 ······································ 7. 酸脚杆属 *Medinalla*
         8b. 蒴果，顶端开裂或室背开裂。
            9a. 子房顶端无膜质冠。
               10a. 雄蕊4；叶背及花萼通常被黄色透明腺点 ············ 2. 柏拉木属 *Blastus*
               10b. 雄蕊8；叶背及花萼无腺点。
                   11a. 聚伞花序，常有花（1）～3朵 ············· 1. 棱果花属 *Barthea*
                 11b. 聚伞花序组成圆锥花序，花多数 ············ 11. 尖子木属 *Oxyspora*
            9b. 子房顶端通常具膜质冠。
               12a. 蝎尾状聚伞花序组成圆锥花序 ············ 16. 虎颜花属 *Tigridiopalma*
               12b. 聚伞花序、圆锥状复聚伞花序或伞形花序。
                   13a. 雄蕊异型，不等长。
                      14a. 长雄蕊花药基部具小疣，药隔通常膨大 ········ 3. 野海棠属 *Bredia*
                      14b. 长雄蕊花药基部通常分开或呈羊角状叉开，药隔不膨大 ················ 4. 异药花属 *Fordiophyton*
                 13b. 雄蕊同型，等长或近等长。
                      15a. 花药披针形，长4.5mm以上，稀2.5mm，花丝背着 ················ 12. 锦香草属 *Phyllagathis*
                      15b. 花药倒卵形，长不到1mm，花丝基着 ················ 13. 肉穗草属 *Sarcopyramis*

棱果花属

Barthea Hook. f., Gen. Pl. 1: 751. 1867.

灌木，小枝无毛或被极细的糠秕。叶对生，全缘，两面无毛，基出脉5条，两侧的两条近边缘且不明显；具叶柄。聚伞花序，顶生，常有花（1~）3朵；花4数，被丝托钟形，具4棱，通常被糠秕，萼片披针形或短三角形；花瓣粉红色或白色，稀深红色，倒卵形，无毛；雄蕊8，不同形，不等长，长者花药披针形，具喙，基部具2刺毛，药隔延长成短距，短者花药长圆形，无喙，基部具2刺毛，药隔略膨大，有时呈不明显的距；子房半上位，梨形，四棱形，无毛，花柱丝状，柱头点尖。蒴果长圆形，具钝四棱，顶端平截，与宿存被丝托贴生，宿存被丝托与果同形，顶端通常冠以宿存萼片，常被细糠秕；种子楔形、小、多数。我国特有属，有1种1变种，分布于我国东南部及南部。

1 棱果花

别名： 毛药花、大野牡丹、棱果木、芭茜

Barthea barthei (Hance ex Benth.) Krasser, Nat. Pflanzenfam. 3(7): 175, f. 768. 1893.

自然分布

产广西、广东、福建、湖南、台湾。生于海拔400～1300m，有时达2800m，常见于山坡、山谷或山顶疏、密林中，有时也见于水旁。

迁地栽培形态特征

灌木，高70～150cm，有时达3m。

茎 圆柱形，树皮灰白色，木栓化，分枝多；小枝略四棱形，幼时被微柔毛及腺状糠秕。

叶 坚纸质或近革质，椭圆形、近圆形、卵形或卵状披针形，顶端渐尖，基部楔形或广楔形，长（3.5～）6～11cm，宽（1.8～）2.5～5.5cm，稀长15cm，宽5cm，全缘或具细锯齿，基出脉5条，最外侧的两条近边缘，两面无毛，叶面基出脉微凹，侧脉不明显，背面密被糠秕，尤以侧脉及细脉为密，基出脉隆起，侧脉微隆起，细脉明显或不明显；叶柄长5～15mm，被密糠秕或无。

花 聚伞花序，顶生，有花3朵，常仅1朵成熟；花梗四棱形，长约7mm，被糠秕；被丝托钟形，长约0.6～1.4cm，密被糠秕，具4棱，棱上常具狭翅，萼片短三角形，顶端细尖，长约3mm，边缘膜质；花瓣白色至粉红色或紫红色，长圆状椭圆形或近倒卵形，上部偏斜，长11～18mm，宽9.5～16mm；雄蕊长者花药长约1cm，距长约2mm，上弯，基部刺毛长约3.5mm，花丝长约8mm，短者花药长约3mm，距不明显，基部刺毛长约2.5mm，花丝长约7mm；子房梨形，四棱形，无毛，顶端无冠。

果 蒴果长圆形，顶端平截，为宿存被丝托所包；宿存被丝托四棱形，棱上有狭翅，顶端常冠宿存萼片，长约1cm，直径约6mm，被糠秕。

引种信息

仙湖植物园 自广东深圳市七娘山引种苗（引种号F0091125）。

物候

仙湖植物园 花期1～4月，果期9～12月。

迁地栽培要点

仙湖植物园 喜稍林荫湿润环境，可于疏林下、水岸等处栽植。

主要用途

花美丽，花色清雅，白色至粉红色或紫红色，具有很高的观赏价值，尚未开发利用。

根、叶入药。功能止痛。主治各种痛症。

植株　花（廖云标 摄）　花（廖云标 摄）　果实　叶面　叶背

柏拉木属

Blastus Lour., Fl. Cochinch. 2: 517, 526. 1790.

灌木，常有分枝；茎通常圆柱形，被小腺毛，稀被毛。叶片薄，全缘或具细浅齿，3~5（~7）基出脉，侧脉互相平行，与基出脉垂直或呈锐角；具叶柄或无。由聚伞花序组成的圆锥花序，顶生，或呈伞形花序、伞状聚伞花序，腋生；苞片小，早落；花4数，极稀3或5数，被丝托狭漏斗形至钟状漏斗形，或圆筒形，具4棱，极少3或5棱，具不明显的8脉，或6、10脉，常被小腺点；萼片小，顶端具小尖头；花瓣通常为白色，稀粉红色或浅紫色，卵形或长圆形，有时上部一侧偏斜，或突出1小片，顶端通常渐尖，稀圆形；雄蕊4（~5）等长，花丝丝状，花药钻形，单孔开裂，微弯或呈曲膝状，药隔微膨大，常下延至花药基部，基部通常无附属体；子房下位，卵形，4室，顶端具4个突起或钝齿，常被小腺点；花柱丝状，常超过雄蕊。蒴果椭圆形或倒卵形，具不明显的四棱，纵裂，与宿存被丝托贴生；宿存被丝托与果等长或略长，常被小腺点；种子多数，通常为楔形。

约12种，分布于印度东部、缅甸、泰国、柬埔寨、老挝、越南和印度尼西亚至我国台湾及日本；我国有9种，产西南部至台湾。

本属有的植物可供药用。

柏拉木属分种检索表

1a. 伞状聚伞花序，非顶生
   2a. 小枝被黄褐色小腺点 ———————————— 2. 柏拉木 *B. cochinchinensis*
   2b. 小枝被腺状褐色柔毛 ———————————— 4. 刺毛柏拉木 *B. setulosus*
1b. 聚伞花序组成圆锥花序，顶生 ———————————— 3. 少花柏拉木 *B. pauciflorus*

2 柏拉木

别名： 黄金梢、山甜娘、崩疮药

Blastus cochinchinensis Lour., Fl. Cochinch. 2: 527. 1790.

自然分布

云南、广西、广东、福建、台湾。印度至越南。生于海拔200～1300m的阔叶林内。

迁地栽培形态特征

灌木，高0.6～3m。

🌿 圆柱形，分枝多，幼时密被黄褐色小腺点，以后脱落。

🍃 纸质或近坚纸质，披针形、狭椭圆形至椭圆状披针形，顶端渐尖，基部楔形，长6～12（～18）cm，宽2～4（～5）cm，全缘或具极不明显的小浅波状齿，3（～5）基出脉，叶面被疏小腺点，以后脱落，基出脉下凹，侧脉微凸，背面密被小腺点；基出脉、侧脉明显，隆起，细脉网状，明显；叶柄长1～2（～3）cm，被小腺点。

🌸 伞状聚伞花序，腋生，总梗长约2mm至几无，密被小腺点；花梗长约3mm，密被小腺点；被丝托钟状漏斗形，长约4mm，密被小腺点，钝四棱形，萼片4（～5），广卵形，长约13mm，具小尖头；花瓣4（～5），白色至粉红色，卵形，顶端渐尖或近急尖，长约4mm，于右上角突出一小片；雄蕊4（～5），等长，花丝长约4mm，花药长约4mm，粉红色，呈曲膝状，药隔微膨大，下延直达花药基部，有时几呈小瘤状；子房坛形，下位，4室，顶端具4个小突起，被疏小腺点。

🍎 蒴果椭圆形，4裂，为宿存被丝托所包；宿存被丝托与果等长，檐部平截，被小腺点。

引种信息

华南植物园 自海南尖峰岭自然保护区引种种子（登录号19970668）；自广东深圳市（登录号20010468）、英德市引种苗（登录号20031322）；自广东广州市（登录号20081637）、江西井冈山市引种种子（登录号20102925）。

仙湖植物园 自广东深圳市排牙山引种枝条（引种号F0091899）。

物候

华南植物园 花期4～8月，果期10～12月，有时茎上部开花，下部果熟。

迁地栽培要点

林下种植。

主要用途

全株药用，有拔毒生肌的功效，用于治疮疖；根可止血，治产后流血不止；根、茎均含鞣料。

中国迁地栽培植物志·野牡丹科·柏拉木属

植株
花
花序
叶面
叶背
小枝

3 少花柏拉木

Blastus pauciflorus (Benth.) Guillaumin, Bull. Soc. Bot. France 60: 90. 1913.

自然分布

福建、广东、广西、贵州、海南、湖南、江西、云南。

迁地栽培形态特征

灌木，高约70cm。

🌿 圆柱形，分枝多，被微柔毛及黄色小腺点。

🍃 纸质，披针形至卵形，长（5~）10~12（~25）cm，宽（2~）3~7.3（~10）cm，顶端短渐尖，基部钝至圆形，有时略偏斜，近全缘或具极细小齿；3~5基出脉，叶面基出脉微凹，被微柔毛，侧脉不明显，背面基出脉、侧脉隆起，密被微柔毛及疏腺点，其余密被黄色小腺点。

🌸 圆锥花序顶生，长7.5~13cm，宽3~7cm，被微柔毛及小腺点。花梗长1~3mm，被丝托漏斗形，具4棱，萼片短三角形，0.5~3mm；花瓣粉红色至紫红色，卵形，顶端急尖，偏斜，长约2.5mm，外面顶端有时多少被小腺点；雄蕊4，花丝长5~7（~10）mm，多少被微柔毛，花药披针形，微弯，长4~8mm，基部微分开，具不明显的小瘤，药隔微膨大，微下延至基部分开；子房半下位，顶端具4小突起．多少被小腺点。

🍎 蒴果椭圆形，4纵裂，为宿存被丝托所包。

引种信息

华南植物园 自湖南桂东县引种苗（登录号20121486）；湖北恩施土家族苗族自治州引种苗（登录号20140318）。

物候

华南植物园 花期7月，果期10月。

迁地栽培要点

阴湿处林下种植。

主要用途

观赏。

4 刺毛柏拉木

Blastus setulosus Diels, Bot. Jahrb. Syst. 65(2–3): 106. 1933.

自然分布

产广西、广东。生于海拔200~900m的山谷林下。

迁地栽培形态特征

灌木，高约1m。

🌿 小枝近圆柱形，初时被腺状褐色柔毛，以后无毛。

🍃 叶片纸质，长圆形或披针状长圆形，顶端渐尖，基部楔形，长7~12cm，宽2~3.5cm，全缘或具极不明显的浅波状齿，齿尖具刺毛，3（~5）基出脉，若为5条时近边缘的两条极细且极靠边缘，叶面被极细的微柔毛及疏糙伏毛，基出脉微凹，背面被极细的微柔毛，基出脉隆起，侧脉微隆起，均密被微柔毛；叶柄长1.5~3.5cm，密被微柔毛。

花　伞状聚伞花序，有花约3（~5）朵，生于无叶的茎上，总梗几无，花梗极短或几无；被丝托钟状漏斗形，具4棱，密被小腺点，长约3.5mm，萼片卵形或卵状三角形，长不到1mm；花瓣白色，卵形，顶端渐尖，具小尖头，一侧偏斜，长约4mm，宽约2.5mm；雄蕊4，等长，花丝长3~4mm，花药长约4.5mm，基部无瘤，药隔微膨大；子房下位，坛形，顶端具4突起，被小腺点。

🍊 蒴果椭圆形，4裂；宿存被丝托与果等大等长，檐部平截，被小鳞片。

引种信息

仙湖植物园　自广西来宾市金秀瑶族自治县引种苗（引种号F0070989）。

物候

仙湖植物园　花期7月，果期8月。

主要用途

观赏。

中国迁地栽培植物志·野牡丹科·柏拉木属

果（廖云标 摄）　　茎（廖云标 摄）
叶（廖云标 摄）　　植株（廖云标 摄）

野海棠属

Bredia Bl., Mus. Bot. Lugd.-Bat. 1: 24. 1849.

草本或亚灌木，直立；茎圆柱形或四棱形，分枝或不分枝。叶片具细密锯齿或几全缘，具5~9（~11）基出脉，侧脉平行；具叶柄。聚伞花序或由聚伞花序组成的圆锥花序，稀伞形状聚伞花序，顶生；苞片小，常早落；花4数，极少3数，被丝托漏斗形、陀螺形或几钟形，脉不明显，萼片大或小，明显；花瓣粉红色至紫红色，卵形至广卵形，有时略偏斜，顶端急尖、渐尖或微凹；雄蕊为花瓣的2倍，异型，不等长，大与小各半，花丝丝状，花药钻形或线状钻形，或长圆状线形，单孔开裂，长者花药通常基部无小瘤，药隔下延呈短柄，无距；短者花药基部通常具小瘤，药隔下延呈短距；子房下位或半下位，陀螺形，4室，顶端通常具膜质冠，冠檐常具缘毛，具隔片；花柱细长，柱头点尖。蒴果陀螺形，常具钝四棱，顶端平截，冠木栓化，与宿存被丝托贴生，常伸出宿存被丝托外，宿存被丝托与果同形，有时具不明显的四棱，萼片通常宿存；种子多数，极小，楔形，密布小突起。

约15种，分布于印度至亚洲东部；我国约11种，从西南部至东南部均有，海南岛未发现。

野海棠属分种检索表

1a. 叶无柄或柄极短 ·· 7. 短柄野海棠 *B. sessilifolia*
1b. 叶柄长5 mm以上。
  2a. 叶片长不超过2cm ·· 6. 小叶野海棠 *B. microphylla*
  2b. 叶片长4~15cm。
    3a. 叶片两面绿色；小枝幼时被星状毛，以后无毛或被疏微柔毛 ··················
      ··· 8. 鸭脚茶 *B. sinensis*
    3b. 叶片背面红紫色；茎被平展的红色长刚毛、腺毛及柔毛 ······ 5. 叶底红 *B. fordii*

5 叶底红

别名： 瘤药野海棠、西南野海棠

Bredia fordii (Hance) Diels, Bot. Jahrb. Syst. 65 (2–3)：110. 1933.

自然分布

福建、广东、广西、贵州、湖南、江西、云南、四川、浙江。生于海拔100～1400m的坡地，湿润的草丛中或水旁、林缘阴处。

迁地栽培形态特征

灌木或亚灌木，高20～50（～100）cm。

🌱 四棱形，浅棕色或红色，密被3～4mm长的腺毛。

植株　果实　叶背　叶柄

🌿 纸质，广卵形至椭圆形，顶端渐尖，基部心形，长4~10（~13.5）cm，宽2~5.5（~10）cm，边缘具大小不等的密细齿，齿尖具红色长刚毛，具长刚毛状缘毛，5~7出脉，叶面被疏糙伏毛及微柔毛，有时有白色斑点，背面红紫色，仅脉上被疏糙伏毛及微柔毛，其余无毛；叶面中脉和基出脉微凹、侧脉不明显，背面基出脉和侧脉明显隆起，细脉网状；叶柄长2.5~6.5cm，密被平展的红色长刚毛及微柔毛。

🌸 伞状聚伞花序，顶生或生于分枝顶端，有花达8朵，稀10~12朵；苞片小，线形或线状披针形；花梗长8~20mm；被丝托杯形，长5~7mm，带红色，萼片4，狭披针形或披针形，反卷，3~5mm，里面被细腺点状微柔毛；花瓣4，粉红色至紫红色，椭圆形或长圆状卵形，顶端急尖，长7~14mm，宽6~8mm，无毛；雄蕊8，4长4短，长者长约16~18（21）mm，花药披针形，微弯，长约7mm，前面无小瘤，药隔基部不膨大或微微膨大，但不成距，短者长约11mm，花药短披针形，长约5mm，药隔向前伸延呈小瘤，向后膨大成1短距；子房半下位，卵形，顶端具膜质冠，檐部边缘具1环缘毛，花柱常带红色。

🍒 蒴果杯形，为宿存被丝托所包；宿存被丝托通常为浅紫红色，被平展的红色长刚毛、腺毛和微柔毛，长约4mm，直径约5mm，膜质冠露出被丝托外。

花

引种信息

仙湖植物园 自湖北恩施土家族苗族自治州引种实生苗（登录号20161205）。

华南植物园 自广东信宜市大雾岭引种苗（登录号20031245）；广州从化市吕田镇三角山上库引种苗（登录号20053372）；福建三明市泰宁县峨嵋峰引种苗（登录号20141434）。

物候

仙湖植物园 花期8月，果期9月。

华南植物园 花期6~8月，果期8~10月。

迁地栽培要点

酸性砂壤土或腐殖土，遮阴50%、林下种植。喜湿润。

主要用途

全株供药用，有止痛、止血、祛瘀等功效；用于治疗吐血、通经、跌打等症。煎水服治月经不调；叶捣碎加米汤及冬蜂蜜内服，治小儿疳积；全株捣碎外敷治烫火伤，煎水洗治疔疮。

花艳丽，紫红色；叶被红毛。观花、叶。

6
小叶野海棠

Bredia microphylla H. L. Li, J. Arnold Arbor. 25(1): 23. 1944.

果实（廖云标 摄）

自然分布

产广西东北部及广东，山坡、林下、平坦的地方，或石上潮湿的地方。

迁地栽培形态特征

匍匐亚灌木或草本，茎长达20cm。

🌱 圆柱形，密被红褐色柔毛，下部逐节生根，具分枝。

🍃 坚纸质或近纸质，卵形至卵状圆形，顶端广急尖，基部广楔形至浅心形，长宽8～17（10～20）mm，全缘，被缘毛，5基出脉，叶面密被短柔毛及疏糙伏毛，脉平整，背面脉明显，隆起，仅沿脉被疏糙伏毛，细脉不明显；叶柄长5～15mm，密被柔毛。

🌸 聚伞花序，顶生，有花1～3朵；花梗长13～15mm，与被丝托均密被柔毛及腺毛；被丝托钟形、具4棱，长约3mm，萼片线形，长3～4mm；花瓣淡紫红色，长圆形，一侧略偏斜，顶端骤然急尖，长约9mm，宽6mm；雄蕊4长4短，长者长约7mm，花药狭披针形，微弯，长4mm，药隔下延呈极短的柄，基部呈短距，短者长约5.5mm，花药披针形，长约3mm，基部具小瘤，药隔下延呈短距；子房半下位，卵形，顶端具膜质冠，4裂，边缘具缘毛。

🍎 蒴果杯形，四棱形，顶端平截，为宿存被丝托所包；宿存被丝托杯形，具4棱，顶端平截，具8脉，长约5mm，直径约4mm，萼片宿存，膜质冠微露。

引种信息

仙湖植物园 自广西桂林市龙胜各族自治县引种苗（引种号F0070990）。

物候

仙湖植物园 花果期10月。

迁地栽培要点

稍阴湿处种植。

主要用途

观赏。株形小巧匍匐，可做地被植物。

叶背（廖云标 摄）

叶面（廖云标 摄）

7 短柄野海棠

别名： 水牡丹

Bredia sessilifolia H. L. Li, J. Arnold Arbor. 25 (1) : 22. 1944.

自然分布

贵州、广西、广东。生于海拔800~1200m的山谷、山坡或山脚林下，阴湿的地方，水边或岩石积土上。

迁地栽培形态特征

灌木，高20~100cm。

🌿 圆柱形或微四棱形，分枝多，小枝近四棱形，无毛。

🍃 坚纸质，卵形至椭圆形，顶端渐尖，有时钝，基部圆形至微心形，长5.5~14（~17）cm，宽2.8~5（~7）cm，全缘或微具细齿，5基出脉，有时中间的1对脉离基约5mm，两面无毛或幼时被极细的微柔毛；叶面基出脉平整，脉间具极疏的短刺毛1行，侧脉不明显，背面基出脉隆起，侧脉及细脉均

植株（张金龙 摄）

花（叶幸儿 摄） 叶背（叶幸儿 摄） 叶面（叶幸儿 摄）

不明显；叶柄无或极短。

🌼 聚伞花序，顶生，有花3～5（～15）朵，长3～6.5cm，无毛；苞片钻形，早落；花梗长约4mm，无毛；被丝托钟状漏斗形，长约3.5mm，具4棱，萼片浅圆齿状，顶端具小尖头；花瓣粉红色，长圆形或近圆形，顶端短急尖，一侧略偏斜，长约8mm，宽4.5～6mm，雄蕊4长4短，长者长15mm，花药线状披针形，长约6mm，药隔下延呈短柄，短者长约11mm，花药披针形，长约5mm，基部具小瘤，药隔下延成短距；子房半下位，卵状球形，顶端具数条腺毛。

🌰 蒴果近球形，为宿存被丝托所包；宿存被丝托钟状漏斗形，四棱形，顶端平截，长和直径约5mm。

引种信息

华南植物园 自新西兰引种种子（登录号20011691）。

物候

华南植物园 花期6～7月，果期7～8月。

迁地栽培要点

阴湿处、林下种植。

主要用途

花色艳丽，观赏。

8 鸭脚茶

别名： 山落茄、雨伞子、九节兰、中华野海棠

Bredia sinensis (Diels) H. L. Li, J. Arnold Arbor. 25 (1) : 22. 1944.

自然分布

浙江、江西、湖南、广东、福建。生于海拔400～1200m的山谷、山坡林下，阴湿的路边、沟旁草丛中或岩石积土上。

迁地栽培形态特征

灌木，高60～100cm。

🌿 圆柱形，分枝多，小枝略四棱形，幼时被星状毛，以后无毛或被疏微柔毛。

🍃 坚纸质，披针形至卵形或椭圆形，顶端渐尖、钝，基部楔形或极钝，长5～11cm，宽2～5cm，稀长13cm，宽6cm，近全缘或具疏浅锯齿，5基出脉，幼时两面被星状毛，以后几无毛；叶面基出脉微凹，侧脉不明显，背面基出脉隆起，侧脉、细脉均不明显；叶柄长5～16（～20）mm，几无毛。

🌸 聚伞花序，顶生，有花（5～）20朵，长和宽4～6cm，几无毛或节上被星状毛；苞片早落，花梗长5～8mm，多少被微柔毛；被丝托钟状漏斗形，长约6mm，具4棱，有时多少被星状毛，萼片极浅，圆齿状，顶端点尖；花瓣粉红色至紫色，长圆形，顶端急尖，一侧偏斜，长约1cm，宽6mm；

植株

雄蕊4长4短，长者长约16mm；花药披针形，长约1cm，药隔下延呈短柄，短者长约1cm，花药长约7mm，基部具小瘤，药隔下延成短距；子房半下位，卵状球形，顶端被微柔毛。

果 蒴果近球形，为宿存被丝托所包；宿存被丝托钟状漏斗形，具4棱，顶端平截，冠以宿存萼片，萼片有时被星状毛，长和直径约7mm。

引种信息

西双版纳热带植物园 自广西崇左市龙州县引种苗2株（引种号00 2002 2063），引种后定植于树木园火焰树下，生长很差，于2015年2月退回苗圃，后死亡。泰国引种种子多粒（引种号38 2002 0373），成活种苗定植于树木园，后生长不良退回苗圃。

物候

西双版纳热带植物园 花期6~7月，果期8~10月。

迁地栽培要点

喜生长在阴湿的环境和肥沃的酸性土壤中。播种繁殖，每年10月中下旬至11月初，淡红色蒴果出现块状灰色干斑时开始采集蒴果，留待翌年3月中下旬播种。由于鸭脚茶属耐阴植物，应避免苗床过干或过湿，应保持60%~70%的土壤水分，同时保持30%~40%的光照。病虫害少见，每月喷洒1次杀菌剂即可对病害起到预防作用。

主要用途

全株药用。叶入药，称鸭脚茶叶，味辛，性平，归肺经，功能发表，叶煎水洗身可治感冒。根入药，称鸭脚茶根，味辛、微苦，性平，归肝、脾、肾经。功能祛风止痛，截疟止泻。主治头痛，腰痛，疟疾，小儿腹泻。与猪脑煎服治头痛或疟疾，与猪腰煎水冲酒服治腰痛。

异药花属

Fordiophyton Stapf, Ann. Bot. （Oxford）6: 314. 1892.

　　草本或亚灌木，直立或匍匐状；茎四棱形，分枝或不分枝，有时呈肉质。叶片薄，膜质或纸质，（3～）5~7（~9）基出脉，边缘常具细齿或细锯齿，侧脉平行，细脉通常网状，不明显；具叶柄或几无。伞形花序或由聚伞花序组成的圆锥花序，顶生，伞梗基部具明显的苞片，或具花葶；花4数，被丝托倒圆锥形或漏斗形，膜质，具8脉，萼片膜质，早落；花瓣粉红色、红色或紫色，稀白色，长圆形或倒卵形，上部偏斜；雄蕊8，4长4短，长者通常粉红色或紫红色，花药线形，较花丝长，基部伸长呈羊角状，药隔有时基部微突起，短者通常淡黄色或白色，花药长圆形，长约为花丝的1/3或1/2，基部通常不呈羊角状；子房下位，通常为倒圆锥形，近顶部具膜质冠，冠有时4裂。蒴果倒圆锥形，顶端平截，顶孔4裂，冠露出或不露出宿存被丝托，4裂；宿存被丝托与果同形，贴生，具8条纵肋，种子长三棱形，长约1mm，极多，有数行小瘤状突起。

　　约9种，分布于我国及越南。我国9种，分布于四川、云南、贵州、湖南、广西、广东、浙江、江西、福建等省区。

　　本属有的种类枝叶肥嫩，可作猪饲料。

异药花属分种检索表

1a. 匍匐草本，高约 15 cm ················· 9. 短茎异药花 ***F. brevicaule***
1b. 草本或亚灌木，高 30 cm 以上。
　2a. 叶基出脉 7～9 条；多歧聚伞花序 ······ 10. 大明山异药花 ***F. damingshanense***
　2b. 叶基出脉 5 条；不明显的聚伞花序或伞形花序 ············ 11. 异药花 ***F. faberi***

9
短茎异药花

Fordiophyton brevicaule C. Chen, Acta Phytotax. Sin. 18 (1) : 62. 1980.

自然分布

广东南部沿海，低海拔地区，阴湿的地方。

迁地栽培形态特征

草本，高约15cm（连花序长），具匍匐茎。

🌱 钝四棱形，高2~3cm，无毛，节上具刺毛。

🍃 纸质或近纸质，椭圆形至卵状椭圆形，顶端急尖，基部心形，长3.5~8cm，宽2~5cm，边缘具疏浅细齿，齿尖具刺毛，基出脉7条，最外侧的两条近边缘且不明显，叶面密布极细小的小突起，无毛；基出脉平整，侧脉不明显，背面基出脉隆起，明显，具疏刺毛，其余无毛，侧脉微隆起，有时具极疏刺毛，细脉不明显；叶柄长1~3cm，具槽，两侧具平展的疏刺毛，背面具极疏的腺毛。

🌸 由聚伞花序组成的圆锥花序，顶生，仅1次分枝，有花9~11朵，长9~15cm，总梗（或花葶）长4.5~11cm，无毛；苞片2，披针形，膜质，长约6mm；花梗长约5mm，果时达1.3cm，无毛；被丝托狭漏斗形，具4棱，长4~6mm，无毛，透明；萼片披针形，顶端渐尖，长约7mm，宽2mm；花瓣红色，卵形，顶端具腺毛，长约9mm，宽5mm；雄蕊长者长约14mm，花药线形，长约8mm，基部呈钝角状，药隔微下延，微突起，短者长约6.2mm，花药卵形，长约1.2mm，基部无小瘤，药隔不伸延；子房半下位，倒卵形，顶端平截，具膜质冠。

🍂 蒴果倒广圆锥形或近杯形，最大处直径约6mm；宿存被丝托与蒴果同形，具4棱。

引种信息

华南植物园 自广东阳春市引种苗（登录号20030990）。

物候

华南植物园 花期3~4月，果少量，5~6月。

迁地栽培要点

阴湿处种植。

主要用途

可用作地被植物。

该种被列入《中国生物多样性红色名录——高等植物卷》（2013）的易危物种，但该物种的分布、数量、生存状态等，尚未见进一步调查研究。为了对该受威胁物种开展保护工作，资源调查亟待开展。

10
大明山异药花

Fordiophyton damingshanense S. Y. Liu & X. Q. Ning, Guihaia. 30: 825. 2010.

植株

自然分布

广西大明山山沟、山坡、灌木丛中，海拔800~1400m。

迁地栽培形态特征

草本或亚灌木，高30~60（~100）cm，具根状茎及匍匐枝。

🌿 **茎** 四棱柱形，淡绿色，通常不分枝，光滑无毛。

🌿 **叶** 膜质至薄肉质（生时），卵状披针形，长6~10（~17）cm，宽2.4~5（~7）cm，两面无毛，无腺点，有时叶面于基出脉行间具稀疏的刺状毛，边缘具细锯齿，顶端长渐尖，基部心形，基出脉7~9条，在叶面凹陷，叶背面明显凸起，最外1对纤细；叶柄长2~6cm，肉质（生时），上面具槽，与叶片连接处多少具刺毛，幼株叶片上通常有4列灰白色圆形斑点。

🌿 **花** 多歧聚伞花序顶生，长2.5~3cm，宽6~7cm，通常具3~5个小聚伞花序及一顶生花；总梗长（1~）5~6.5cm，四棱形，无毛；总苞片常6片，3轮，每轮2片，膜质，均呈舟状，浅红色至紫红色、淡绿色带红或淡绿色，外轮卵圆形，长约2.6cm，宽约2.2cm，具3脉，先端钝尖，第二轮宽倒卵形，长约2.5cm，宽约2cm，先端钝，第三轮宽倒卵形，长约2.5cm，宽约1.8cm；有时10片，4轮，外轮4片，较小，早落；小聚伞花序梗长2~8mm，圆柱形，无毛，基部具1倒卵形或长圆形膜质苞片，苞片长1.3~1.8cm，宽0.7~1cm，两面及边缘疏被腺毛，边缘外卷；花梗长4~10mm；被丝托倒圆锥形，疏被腺毛，长约1cm，中部直径约0.5cm，有8条细棱线；萼片4，长圆形，长4~5mm，宽2.5~3mm，淡紫色或紫红色，两面具腺毛，边缘具缘毛，内面近顶部具基部膨大的腺毛；花瓣长圆形，淡红色，长8~12mm，宽5~6mm，先端圆，或钝尖，具1腺毛尖头；雄蕊8枚，4长4短，长者淡红色，长约2.2cm，花药线形，长1.1~1.3cm，基部伸长，略膨大成囊状，分离，药隔膨大，伸长成短距，短者淡黄色，长1.4~1.6cm，花药长约4mm，线形，药隔膨大，伸长成短距；子房下位，先端具膜质冠，冠檐具腺毛状缘毛，4室，胚珠多数，花柱圆柱形，淡红色，长1.5~1.7cm。花期6~8月。

果 蒴果倒圆锥形，长约1cm，顶端直径4.8~6.1mm，褐色，表面平滑无毛无棱，果期9~11月。

引种信息

仙湖植物园 有引种，但引种信息缺失。

11 异药花

别名： 伏毛肥肉草、峨眉异药花

Fordiophyton faberi Stapf, Ann. Bot. (Oxford). 6:314. 1892.

花蕾

自然分布

星散分布于江西、浙江、福建、湖南、广东、广西、四川及贵州、云南，生于海拔500～1800m的山谷密林下，湿润土质肥厚的山坡草地或水旁。

迁地栽培形态特征

草本或亚灌木，高25～60cm。

根 浅根，横茎走向。

茎 四棱形，无毛，通常有槽，棱上常具窄翅，通常不分枝。

叶 膜质，通常在一个节上的叶，大小差别较大，广披针形至卵形，稀披针形，顶端渐尖，基部浅心形，稀近楔形，长5～14.5cm，宽2～5cm，边缘具不甚明显的细锯齿，5基出脉，叶面被紧贴的微柔毛，基出脉微凸，侧脉不明显，背面几无毛或被极不明显的微柔毛及白色小腺点，基出、脉明显、隆起，侧脉及细脉不明显；叶柄长1.5～4.3cm，常被白色小腺点，仅顶端与叶片连接处具短刺毛。

花 不明显的聚伞花序或伞形花序，顶生，总梗长1～3cm，无毛，基部有1对叶，常早落；伞梗基部具1圈覆瓦状排列的苞片，苞片广卵形或近圆形，通常带紫红色，透明，长约1cm；被丝托长漏斗形，具4棱，长1.4~1.5cm，被腺毛及白色小腺点，具8脉，其中4脉明显，萼片长三角形或卵状三角形，顶端钝，长约4.5mm，被疏腺毛及白色小腺点，具腺毛状缘毛；花瓣红色或紫红色，长圆形，顶端偏斜，具腺毛状小尖头，长约1.1cm，外面被紧贴的疏糙伏毛及白色小腺点；雄蕊长者花丝长约1.1cm，花药线形，长约1.5cm，弯曲，基部呈羊角状伸长；短者花丝长约7mm，花药长圆形，长约3mm，基部不呈羊角状；子房顶端具膜质冠，冠檐具缘毛。

🟢 **果** 蒴果倒圆锥形，顶孔4裂，6~10mm；宿存被丝托与蒴果同形，具不明显的8条纵肋，具0.6~0.7mm长的腺毛或无毛，膜质冠伸出宿存被丝托外，4裂。种子楔形，长0.6~0.7mm，宽0.3mm，密布长0.02~0.03mm的小瘤状突起。

引种信息

庐山植物园 有引种，引种信息缺失，栽培于乡土灌木园、岩石园、办公楼前左侧绿篱旁边，生长良好，能开花结实。

华南植物园 自四川眉山市洪雅县七里坪引种苗（登录号20113505）；广东韶关市乳阳南岭自然保护区引种苗（登录号20121816）。

昆明植物园 "百草园"阴生药用植物区种植，引种信息缺失。

武汉植物园 有引种，但引种信息缺失。

物候

庐山植物园 5月上旬开始展叶、5月中旬进入展叶盛期；6月上旬始花，7月中旬盛花，下旬末花；9月下旬果实成熟；10月中旬落叶，11月底全部落叶。

华南植物园 花期3~4月，果期4~5月。果较少见到。

昆明植物园 3月2日叶芽开放，3月11日开始展叶，3月19日进入展叶盛期；5月份白天气温达25℃以后，进入快速生长期；6月1日，平均株高已达21cm。7月5日为花芽开始膨大期，8月7日初花，8月21日盛花，8月28日开花结束。果实早期脱落，没有成熟的果实。

迁地栽培要点

耐阴性极强，对土壤要求不严格。我国长江以南地区引种栽培。为了保证成活率高，最好选择利用雨后进行移植，随移随栽，时间越短成活率越高，栽植后要浇透水。在庐山植物园生长良好，并且每年开花结实。昆明植物园露地栽培能耐受5天-5℃低温，没有发生冻害。种植在阴湿环境、腐叶土中生长好。繁殖以播种或分株为主。容易生根，易于扦插繁殖；由于具地下茎，也可进行分株扩繁。暂时观察没有发现病虫害，偶见叶片会被小虫吃几个小洞。

四瓣果属

Heterocentron Hook. & Arn., Bot. Beechey Voy. 290. 1841[1838].

多年生草本、亚灌木，匍匐、半直立或者直立。该属茎、叶片、花序等部位具绒毛，绒毛光滑、粗糙或顶端膨大。茎四棱形，部分种棱角处稍微具绿色翅。茎上绒毛密集或稀少，稍粗糙，棱角处或翅上绒毛最长。叶柄纤细，一般具柔毛，柔毛的密度和类型与茎上相同。叶片椭圆形或卵形，顶端通常急尖，部分种渐尖、钝尖或圆形。叶脉由基部发出，沿叶片行走至顶端汇合，一般在叶表面凹陷，叶背面突出。叶全缘或具圆锯齿，少部分细锯齿，叶缘具绒毛。圆锥花序，花序梗和苞片具绒毛，花序上的苞片由小叶状向翅瓣状过渡，通常底部和边缘绒毛密集，上部光滑。花梗纤细、圆柱状，被丝托通常钟形，偶尔球形或半球形，被绒毛。花瓣紫色、粉红或白色，具腺体，以右旋方式着生。雄蕊8，异型，花丝扁平，紫色至黄色或白色，花药顶端单孔开裂。外轮给食型雄蕊较大，花粉棒状或锥状，颜色鲜艳，紫色、红色、粉红或者白色；内轮传粉形雄蕊较小，棒状，花药黄色。子房下位，4室，蒴果，包被在被丝托中，成熟时4裂。种子形态多变，纤细、蜗形或瘤状，但无分类学意义。

27种14变种，分布从巴拿马北部的奇里基至中美洲，其分布中心位于墨西哥东部区域的韦拉克鲁斯、普埃布拉东南部，以及墨西哥西部锡那罗亚及其邻近杜兰戈地区。

12 蔓茎四瓣果

别名： 粉光花、藤野牡丹、紫叶蔓性野牡丹、
多花蔓性野牡丹、墨西哥野牡丹

Heterocentron elegans (Schltdl.) Kuntze, Revis. Gen. Pl. 1: 247. 1891.

花

自然分布

墨西哥、危地马拉、洪都拉斯和萨尔瓦多。华南地区、台湾、云南南部均可栽培，能耐5℃以上的低温，目前在云南西双版纳地区、广州、海南地区有少量引种应用。

迁地栽培形态特征

🌿 **茎** 草质、多汁，有翼，四散匍匐生长。

🍃 **叶** 卵圆形，对生，有疏毛，长2~3cm，边缘有细毛；叶面橄榄绿，新叶带褐色。冬季低温期叶片红褐色；羽状脉。

🌸 **花** 花瓣4枚，卵形，桃红色。雄蕊8枚，均分为两组，一组花药浅黄色，一组花药紫色。总状花序自茎端伸出，萼筒圆形，外表有颗粒状突起。

引种信息

西双版纳热带植物园 自昆明植物园引种苗5株（引种号00 2004 0163）。

仙湖植物园、厦门植物园 有引种，但引种信息缺失。

物候

西双版纳热带植物园 4~11月均可见花,12月至翌年3月由于干季生长缓慢,有叶黄和落叶现象。

迁地栽培要点

性喜高温多湿,扦插繁殖容易,把枝条剪切成15cm左右,2~5个枝段为一个组合,集中在一起直接扦插到种植槽里,连续一周进行浇水保湿,即可生根,按照30cm×30cm扦插种植,在雨季一个月之内可以把地面完全覆盖,可迅速形成观花地被景观。

主要用途

除了作为观花地被外,还可以作为盆栽或作为悬垂花卉,岩石园和盆景的覆盖,林下观花地被,也可以应用到缀花草坪,由于根系丰富,每个节间都会有大量的不定根,特别适合边坡护坡之用。在全日照或半日照环境条件下开花繁茂,是少见、易栽、易管、病虫害少的优良观花地被花卉。

蔓性野牡丹属

Heterotis Benth., Niger Fl. 347–348. 1849.

草本，半灌木。平卧，较少直立。花顶生，单花或头状。被丝托广椭圆形至长圆形，萼片5，宿存，膜质，反折，顶端具单一至多数刚毛。花瓣5。雄蕊10，异型。花药线状镰形，5枚与花瓣对生，药隔基部延生成钝、二裂的附属物；另5枚与萼片对生，小。子房具冠，5室。柱头顶端截形。蒴果5室，室背开裂，种子多数，螺旋形。

13 蔓性野牡丹

Heterotis rotundifolia (Sm.) Jacq.-Fél., Adansonia, n.s. 20 (4) : 417. 1981.

开花景观

自然分布

塞拉利昂至安哥拉之间的非洲热带，包括刚果、津巴布韦和莫桑比克等地。澳大利亚、波多黎各、哥斯达黎加和太平洋上的一些岛屿均有归化。

迁地栽培形态特征

🌱 匍匐性草本植物，匍匐枝长20cm或者更长，微被硬毛或柔毛，节上生根。

🍃 卵形、卵状披针形或近似圆形，长1.5~7cm，宽0.8~4cm，两面疏被柔毛或密被柔毛，边缘略细圆齿状，具缘毛，先端急尖，基部楔形或近圆；基生3出脉；叶柄长0.5~2.5cm。

🌸 花顶生，花梗长约2mm；被丝托6~7mm，密被开展、发状、顶端星状附属物，长2~4mm；萼片披针形，长5~6.5mm，宽1.5~2mm，密被毛；花瓣倒卵形，瓣端圆或截形，长约2cm，宽1.5cm；萼片披针状，长5~6.5mm，基部宽1.5~2mm。长雄蕊的花药粉红色或者淡紫色，长7~8mm，药隔基部延伸成深2裂、长1.5~2mm的距；短雄蕊的花药黄色，长5.5~7mm，药隔基部延伸成距，距2裂，长约0.5mm。

🍀 圆柱状钟形，长约1cm，宽0.9cm。种子长约1mm，背面有突出的肋，两侧有深坑。

引种信息

仙湖植物园、厦门植物园、西双版纳热带植物园 均有引种，但引种信息缺失。

物候

仙湖植物园 花期1~3月，果期4~6月。

迁地栽培要点

蔓性野牡丹喜阴凉湿润，土壤pH 6~7.5为宜。

主要用途

可被用作地被植物引入城市园林绿化中。但近年的研究表明，本种植物碎片容易繁殖且种子数量较多，潜在的入侵性使得其引入风险高。因此需要谨慎引入，并严格管理以免逸生给本地植被带来潜在威胁。中国本土野生的地菍（*Melastoma dodecandrum*）在园林绿化中能取得与本种相似的应用效果，建议优先使用本土物种。

在非洲，本种被用于治疗风湿、腹泻等。茎叶提取物有抗微生物活性。

植株挂果景观

中国迁地栽培植物志・野牡丹科・蔓性野牡丹属

酸脚杆属

Medinilla Gaudich., Freyc. Voy. Bot. 484. t. 106. 1826.

直立或攀援灌木，或小乔木，陆生或附生，茎常四棱形，有时具翅。叶对生或轮生，全缘或具齿，通常3~5基出脉，稀9条，侧脉平行，细脉网状，通常不明显；具叶柄或无。聚伞花序或由聚伞花序组成的圆锥花序，顶生、腋生、生于老茎上或根茎的节上；苞片小，早落；花通常4数，稀5数，极少6数，被丝托杯形、漏斗形、钟形或圆柱形，檐部萼片明显或不明显，通常具小尖头或小突尖，花瓣倒卵形至卵形，或近圆形，有时上部偏斜；雄蕊为花瓣数目的2倍，等长或近等长，常同型；花丝丝状，花药线形、披针形或长圆形，顶端具喙，单孔开裂，基部具小瘤或线状突起物，药隔微膨大，下延呈短距；子房下位，卵形，顶端平截或冠以与子房室同数的萼片，有时具隔片；花柱丝状，柱头点尖。浆果通常坛形、球形或卵形，顶端冠以宿存被丝托檐部，不开裂，通常具小突起；种子小，多数，倒卵形或短楔形，具明显的小突起或光滑。

约300~400种，分布于非洲热带、马达加斯加、印度至太平洋诸岛及澳大利亚北部。我国约11种，分布于云南、西藏、广西、广东及台湾等地。

本属有的种果可食。

酸脚杆属分种检索表

1a. 聚伞花序组成圆锥花序，花多数。
  2a. 花苞片小，长不超过 1 cm。
    3a. 小枝节上具 1 环短粗刺毛。
      4a. 叶基出脉 5~7 条 ·················· 14. 吊灯酸脚杆 *M. cummingii*
      4b. 叶脉为离基 3 出脉，于叶片中部尚有 1 对侧脉 ··· 15. 台湾酸脚杆 *M. formosana*
    3b. 小枝节上无毛 ·················· 16. 酸脚杆 *M. lanceata*
  2b. 花苞片大，长达 3~10 cm ·················· 17. 粉苞酸脚杆 *M. magnifica*
1b. 聚伞花序，有花 3~5 朵 ·················· 18. 北酸脚杆 *M. septentrionalis*

14 吊灯酸脚杆

Medinilla cummingii Naudin, Ann. Sci. Nat., Bot., sér. 3, 15: 292. 1851.

自然分布

菲律宾，生于海拔700~1000m苔藓林。

迁地栽培形态特征

灌木，高1~2（~3）m。

🌱 圆柱形或近钟状，无翅，基部直径可达4~5cm，茎有节，节上被黄褐色刚毛。

🍃 三叶或四叶轮生于枝顶，偶尔也见两叶对生于枝顶，叶柄短而粗壮，长约5mm，叶片革质，椭圆状长圆形至长圆状披针形，长15~22（~26）cm，宽8~10（~14）cm；顶端急尖或短渐尖；基部短狭，基出脉5~7条，正面较明显，背面不明显；叶正反面的侧脉均不明显。

🌸 托杯钟状，长4mm，3mm宽，粉红色或紫色；花瓣4，斜卵形，长7mm，宽5mm，粉红色。雄蕊等长；花丝扁平，长4mm；花药暗粉色，弯曲，长5mm。圆锥花序顶生或腋生，下垂，长达25cm；花梗长8~10cm；苞叶卵状椭圆形，顶端急尖，长15~20（~30）mm，宽5~10mm，宿存；苞片微小，钻形，长1mm，宿存。

🍑 浆果，直径5~7mm，成熟时从粉红色至粉紫，最终变成蓝黑色；果梗圆柱形，长5~7mm。种子长椭圆形，长1.2~1.3mm，宽约0.6mm，表面密布小突起。

引种信息

仙湖植物园 有引种，但引种信息缺失。定植于阴生区，生长良好。

物候

仙湖植物园 花期秋冬，果期12月至翌年4月。

迁地栽培要点

适于栽培于潮湿、腐殖质丰富、排水良好的土壤，不耐低温。可用播种和扦插两种方式繁殖。

主要用途

该物种叶片和花观赏价值高，可作为温室观赏植物或室内盆栽植物，效果极佳。

15 台湾酸脚杆

别名： 台湾野牡丹藤

Medinilla formosana Hayata, Icon. Pl. Formosan. 2: 110–111. 1912.

植株

自然分布

中国台湾南端及岛屿。生于海拔50~1000m的山间林中。

迁地栽培形态特征

攀援灌木，高50~150cm。

🌿 枝略圆柱形，弯曲上升。细长且具刚毛。小枝钝四棱形，具星散的皮孔，无毛，节上具1环短粗刺毛。

🍃 对生或轮生，坚纸质或近革质，长圆状倒卵形或倒卵状披针形，顶端骤然尾状渐尖，具钝头，基部楔形，长10~20cm，宽3~6cm，全缘；离基3出脉，于叶片中部尚有1对侧脉，两面无毛，叶面中脉微凹，背面基出脉隆起，侧脉微隆起；叶柄长5~8mm，无毛。

🌸 由聚伞花序组成圆锥花序，顶生或近顶生，长约25cm，无毛，最末一次的总花梗长2~3cm；苞片线形，长约3mm；花梗长约6mm，无毛；被丝托近球形，4棱，上部微缢缩，长3mm，直径2.5mm，无毛，檐部全缘或具不明显的4齿；花瓣4，倒卵形，上部偏斜，顶端钝，长约7mm；雄蕊8，同型，花丝长约4mm，花药狭披针形，长3~4mm，基部具小瘤；子房下位，顶端呈短圆锥形。

🍎 浆果近球形，为宿存被丝托所包，直径约7mm，无毛，顶端冠以宿存萼片；果粉红或鲜红（随成熟度而变化），成串聚集。

引种信息

厦门植物园 1998年从台湾引种。生长较快，长势良好。

物候

厦门植物园 3月中旬叶芽萌动，4月上旬开始展叶，4月下旬进入展叶盛期；4月上旬现花蕾，4月中旬始花，4月下旬盛花，5月上旬末花；10月上旬至11月果实成熟期；8月中旬至11月上旬落叶。

迁地栽培要点

可耐一定低温，耐干旱和贫瘠，适于我国北亚热带以南地区栽培，迁地栽培北缘可延伸至暖温带南部，但生长势减弱。繁殖以播种和扦插两种方式，但需运用各种技术提高扦插成活率。病虫害少见，偶有蛾类、凤蝶类幼虫和桑寄生危害。

主要用途

该物种花色艳丽，花枝奇特，观赏价值高，可作为庭园观赏植物或盆栽植物于较阴环境种植，效果极佳。目前已经引种驯化成功，开发应用于庭园和家居美化，福建的福州、厦门等地已开展引种应用。

果实

16 酸脚杆

Medinilla lanceata (M. P. Nayar) C. Chen, Acta Phytotax. Sin. 21 (4): 421. 1983.

花

自然分布

云南（南部）、海南。生于海拔420～1000m的山谷、山坡疏、密林中阴湿的地方。

迁地栽培形态特征

灌木或小乔木，高达5m。

🟢 茎 小枝四棱形，枝皮木栓化，纵裂。

🟢 叶 纸质，披针形至卵状披针形，顶端尾状渐尖，基部圆形或钝，长15～24cm，宽3～5.5cm，边缘具疏细浅锯齿或近全缘，两面无毛或仅背面被微柔毛，略被糠秕；3或5基出脉，5脉时外侧2脉细且近叶缘，叶面中脉下凹，两侧基出脉微凸，侧脉不明显，背面基出脉和侧脉隆起；叶柄长5～10mm，有时略被柔毛。

🟢 花 由聚伞花序组成圆锥花序，着生于老茎或根茎的节上，长8～25cm，宽6～22cm，被微柔毛；苞片极小，卵形，花梗长约4mm，与被丝托均被微柔毛；被丝托钟形，具不明显的棱，长5.5～6mm，密布小突起，边缘浅波状，萼片不明显，呈小突尖头；花瓣4，扁广卵形（花蕾时），顶端钝或圆形，长约4.5mm，宽约6mm；雄蕊8，几等长，花丝长约2mm，花药长约7mm，基部具小瘤，药隔基部下延成距；子房下位，卵形，4室，顶端具4齿。

🟢 果 坛形，长约8mm，直径约7mm，密布小突起，被微柔毛；种子短楔形，具疏小突起。

引种信息

西双版纳热带植物园 自云南江城哈尼族彝族自治县土卡河引种苗1株（引种号00 2002 0489）。

物候

西双版纳热带植物园 花期5～10月，果期8～10月。

迁地栽培要点

在西双版纳热带植物园百花园和藤本园均有定植，在较为隐蔽的藤本园比光线较强的百花园生长要更好一些。较耐贫瘠和干旱，可粗放管理，没有发现大规模或较严重的病虫害。没有进行过种子繁殖，扦插繁殖能成活，但未进行过大规模扦插试验，目前藤本园定植了约30余株，百花园定植10余株。

主要用途

是一种优良的园林绿化植物，花色鲜艳且形状奇特，深受游客和画家喜爱。

植株

花序

果实

17 粉苞酸脚杆

别名： 宝莲灯花、珍珠宝莲

Medinilla magnifica Lindl., Paxt. Fl. Gard. i: 55 t. 12. 1850.

花

自然分布

非洲、东南亚热带雨林中。

迁地栽培形态特征

粉苞酸脚杆为直立常绿小灌木（有时为附生植物），盆栽株高30～40cm。

🌱 翅状四棱，分枝扁平，节上有疣状突起。

🍃 单叶对生，偶尔三叶歧生，卵形或卵状长圆形，长20～40cm，宽12～22cm，厚革质，富有光泽，墨绿色，全缘；基出脉；无叶柄。

🌸 顶生穗状花序，下垂，长20～35cm，花序分2～4节，每节着生2～4瓣大型粉红色苞片，长约10cm，形如莲花花瓣，为主要观赏部分。花蕾梨形，呈浅粉色，蜡质，富珍珠光泽；花小，花瓣4或5，倒卵形至圆形，近玫瑰红色；花冠直径约2.5cm，红色；子房下位，4～5室，萼片宿存；雄蕊等长，8～10个，花药顶具喙，单孔开裂。

🍒 浆果球形，粉红色，顶有宿存萼片。

引种信息

　　仙湖植物园　种植于阴生植物区，引种信息缺失。

物候

　　仙湖植物园　花期冬、春季。在温室条件下花期4~5月，单花可开2~3周。

迁地栽培要点

　　粉苞酸脚杆喜光、喜肥、喜高温高湿，忌直射光和土壤排水不良。通常扦插繁殖，可于换盆时将较高的植株切顶，剪下的枝条即可作插穗。

主要用途

　　布置客厅、餐厅，花叶俱美，雍容华贵，观赏价值极高，为春节前后高档的室内盆栽观赏花卉。

开花植株

中国迁地栽培植物志·野牡丹科·酸脚杆属

植株
花特写　花序　雄蕊特写　幼果特写
叶背　叶面　幼嫩茎　老茎

070

18 北酸脚杆

Medinilla septentrionalis (W. W. Sm.) H. L. Li, J. Arnold Arbor. 25 (1) : 38. 1944.

自然分布

云南、广西、广东。缅甸、越南至泰国均有。生于海拔200～1760m的山谷、山坡密林中或林缘阴湿处。

迁地栽培形态特征

灌木或小乔木，高1～5（～7）m，有时呈攀援状灌木，分枝多。

🌿 **茎** 小枝圆柱形，无毛。

🌿 **叶** 纸质或坚纸质，披针形、卵状披针形至广卵形，顶端尾状渐尖，基部钝或近圆形，长7～8.5cm，宽2～3.5cm，边缘在中部以上具疏细锯齿，叶面无毛，5基出脉，基出脉下凹；背面多少具糠秕，基出脉及侧脉隆起，细脉网状；叶柄长约5mm。

🌿 **花** 聚伞花序，腋生，通常有花3朵，稀1或5朵花，长3.5～5.5cm，无毛，总梗长1～2.5cm；苞片早落，花梗长不到1mm；被丝托钟形，长4～4.5mm，具极疏的腺毛或几无，密布小突起，具钝棱，萼片不明显，具小突尖头；花瓣粉红色、浅紫色或紫红色，三角状卵形，顶端钝急尖，下部略偏斜，长8～10mm；雄蕊8，4长4短，长者花丝长4.5mm，花药长7mm，短者花丝长3mm，花药长6mm，花药基部具小瘤；子房下位，卵形，顶端具4波状齿。

🌿 **果** 浆果坛形，长7mm，直径6mm；种子楔形，密被小突起。

引种信息

华南植物园 有引种，但引种信息缺失。

仙湖植物园 自广西来宾市金秀瑶族自治县长峒屯引种苗（引种号F0070992）。

物候

华南植物园 花期6～9月，果期2～5月。

仙湖植物园 花期5～9月，果期2～5月。

迁地栽培要点

阴湿处种植。

主要用途

花色明艳，观赏价值高，适于林间或阴湿处种植。

花（徐晔春 摄）

果实（徐晔春 摄）

叶（徐晔春 摄）

野牡丹属

Melastoma L., Sp. Pl. 389. 1753.

灌木，茎四棱形或近圆形，通常被毛或鳞片状糙伏毛。叶对生，被毛，全缘，5~7基出脉，稀为9条；具叶柄。花单生或组成圆锥花序顶生或生于分枝顶端，5数；被丝托坛状球形，被毛或鳞片状糙伏毛，萼片披针形至卵形，萼片间有或无小萼片；花瓣淡红色至红色，或紫红色，通常为倒卵形，常偏斜；雄蕊10，5长5短，长者带紫色，花药披针形，弯曲，基部无瘤，药隔基部伸长，呈柄，弯曲，末端2裂，短者较小，黄色，花药基部前方具1对小瘤，药隔不伸长；子房半下位，卵形，5室，顶端常密被毛；花柱与花冠等长，柱头点尖；胚珠多数，着生于中轴胎座上，有时果时胎座呈肉质，多汁。蒴果卵形，顶孔最先开裂或中部横裂；宿存被丝托坛状球形，顶端平截，密被毛或鳞片状糙伏毛；种子小，近马蹄形，常密布小突起。

该属分布于亚洲南部至大洋洲北部以及太平洋诸岛。该属包含物种数目前尚存争议，最初该属被估计约有50~100种，但Meyer（2001）对该属进行修订之后，认为该属包含约22种。野牡丹属植物在我国分布于长江流域以南各省区。《中国植物志》（53卷第一分册，1984）记载我国共有9种，1变种。*Flora of China*（Chen & Renner, 2007）记载我国有5种。这其中的物种数目变化主要是由于归并引起的，如展毛野牡丹（*M. normale*）和多花野牡丹（*M. affine*）被并入野牡丹，但该分类处理是否合理尚存争议。

近十年来，多项研究工作表明，由于分布域重叠、生境相似、花期相近、共享传粉者等因素，该属存在普遍的杂交现象。例如，Seping Dai等（2012）通过分子证据，揭示了细叶野牡丹（*Melastoma intermedium*）的杂交起源，其亲本为 *M. candidum* 以及 *M. dodecandrum*。Ting Liu等（2014）证实*M. candidum*和*M. sanguineum*之间存在广泛的杂交和基因渐渗，且多花野牡丹（*M. affine*）的大部分个体为二者杂交之后又与*M. candidum*回交的F2代个体。属内物种生殖隔离不完全导致的杂交是厘清该属系统发育关系的一个障碍，但相信随着微形态观察、分子系统学等手段的应用，该属的属内物种关系有望得到解决。鉴于该属属内物种关系目前尚未得到完全解决，本志编写过程中沿用了FOC的分类处理。

本属植物多供药用，有的果可食。

野牡丹属分种检索表

1a. 花瓣玫瑰红色，粉红色或紫色。
  2a. 花瓣长不超过 2.5 cm。
    3a. 茎匍匐，小枝幼时被糙伏毛，以后无毛 ·················· 19. 地菍 *M. dodecandrum*
    3b. 茎直立或斜展，小枝被紧贴的糙伏毛 ·················· 20. 细叶野牡丹 *M. intermedium*
  2b. 花瓣长 3 cm 以上。
    4a. 被丝托密被鳞片状糙伏毛 ·················· 21. 野牡丹 *M. malabathricum*
    4b. 被丝托密被红色长硬毛 ·················· 23. 毛菍 *M. sanguineum*
1b. 花瓣白色 ·················· 22. 白花野牡丹 *M. malabathricum* f. *albiflorum*

19
地菍

别名： 地枇杷、铺地锦、地樱子、山地菍、紫茄子

Melastoma dodecandrum Lour., Fl. Cochinch. 1: 274. 1790.

植株（廖云标 摄）

自然分布

广西、广东、贵州、江西、浙江、福建。越南。生于海拔150~1250m的山坡矮草丛中，为酸性土壤常见的植物。

迁地形态特征

低矮灌木，高10~20cm。

🌿 **茎** 匍匐茎长10~30cm，粗约0.3cm，逐节生根，分枝多，披散，幼时被糙状毛，以后无毛。

🌿 **叶** 坚纸质，卵形或椭圆形，顶端极尖，基部广楔形，长1~4cm，宽1.8~3cm，全缘或具密浅细锯齿，叶面通常仅边缘被糙状毛，有时基出脉行间被1~2行疏糙状毛，背面仅沿基部脉上被极疏状毛；3~5基出脉，侧脉互相平行；叶柄长2~6mm，被糙状毛。

🌿 **花** 聚伞花序，顶生，有花1~3朵，基部有叶状总苞2，通常较叶小，花梗长2~10mm，被糙状毛，上部具2枚卵形苞片，长2~3mm，宽约1.5mm，具缘毛，背面具糙状毛；被丝托长约5mm，被糙状毛，毛基部膨大呈圆锥状，有时2~3簇生，萼片披针形，长2~3mm，被疏糙状毛，边缘具刺毛状缘毛，萼片间具1小萼片，较萼片小且短；花瓣淡紫红色至紫红色，菱状倒卵形，上部略偏斜，长1.2~2cm，宽1~1.5cm，顶端有一束刺毛，被疏缘毛；雄蕊长者药隔基部延伸，弯曲，末端具两小瘤，花丝较延伸的药隔略短，短者药隔不伸延，药隔基部具2小瘤；子房下位，顶端具刺毛。

🌿 **果** 坛状球形，平截，近顶端略缢缩，肉质，不开裂，长7~9mm，直径8~12mm；宿存被丝托被

疏糙状毛，成熟期7~9月，红紫至紫黑色。

引种信息

桂林植物园 自桂林植物园周边山上引种裸根苗（登录号332），海拔150~200m。喜半阴环境，长势良好，开花结果正常。

华南植物园 自广东潮州市凤凰镇棋村引种苗（登录号19990379），海拔400~603m；连州市地下河引种苗（登录号20020453）；广东龙门县南昆山引种苗（登录号20150433）；广东阳春市鹅凰嶂引种苗（登录号20151104）。

广西药用植物园 自浙江杭州市植物园引种苗（登录号19960091）。

仙湖植物园 自广东深圳市七娘山引种苗（引种号F0091451）；自广东深圳市马峦山引种苗（引种号F0091403）。

昆明植物园、庐山植物园 有引种，但引种信息缺失。

物候

桂林植物园 芽膨大期2月中下旬，展叶始期3月中上旬，展叶盛期3月中下旬，开花始期5月底，开花盛期6月上旬，花期1周左右；多次开花10月中旬；幼果初现期6月中下旬，幼果成熟期7月中上旬，幼果脱落7月下旬，果期持续至10月下旬。

华南植物园 花期5~7月，果期7~9月。

迁地栽培要点

引种栽培管理：地菍喜微酸性疏松肥沃的土壤，pH 5.5~6.5，不耐积水，具有耐寒、耐旱、耐瘠薄等特点。其繁殖方法可以用播种繁殖，也可用扦插繁殖。扦插时间一般从春天3月底到6月都可进行。地菍为低耗肥植物，一般在蕾期、开花期和结果期应结合施肥，每公顷施磷酸二氢钾15 kg，硼酸2.25 kg，以增加开花量和提高结实率。如遇高温干旱天气叶子会发黄，但浇水则很快恢复。

越冬管理：移栽当年的地菍主根生长不长，主要以匍匐茎为主，抗性差，在温度≤-4℃会导致整株死亡，在低温到来以前给植株表层铺一层地膜或覆盖一层10cm左右的稻草，有利于提高地温和防止冰雪直接接触地菍叶片造成的伤害，可有效提高地菍越冬的成活率。

病虫防治：地菍人工栽培中尚未见到发生病虫害，一般不需进行药物防治。

研究概述

数项研究（Seping Dai et al., 2012；Ting Liu et al., 2014）表明，地菍与属内物种存在杂交现象。华南植物园研究团队利用杂交培育了"铺地花2号"园艺新品种（http://www.cas.cn/syky/201806/t20180627_4656109.shtml）。马国华等（2000）的研究表明地菍幼嫩茎尖或腋芽可用含蔗糖2%，琼脂0.6%，pH5.8的MS培养基进行组织培养，其中繁殖培养基含1.0 mg/L BA和0.1 mg/L NAA，生根培养基含0.1 mg/L IBA。以上工作为地菍的开发利用奠定了基础。

主要用途

地菍果可吃，亦可酿酒，全株供药用，有涩肠止痢，舒筋活血，补血安胎，清热保湿等作用，捣碎外敷可治疮、痔疮、痈、叮；根可解木薯中毒。

地菍除了药用之外，可用于园林绿化作地被，因其属于常绿植物，一年四季花开不断，叶袖珍耐看，花大而美丽，匍匐茎利于水土保持，用于公园、庭院的缓坡造景效果非常好。目前仍处于野生状态，具有较大的开发前景。

20 细叶野牡丹

Melastoma intermedium Dunn, J. Linn. Soc., Bot. 38 (267) :360. 1908.

花

自然分布

广东、香港、海南、广西、福建、台湾及贵州南部。生于海拔800m以下的山坡或旷野。

迁地栽培形态特征

小灌木，直立或斜展，高30~60cm。

🌿 分枝多，披散，疏被糙伏毛，幼时毛被较密。

🍃 椭圆形，纸质，长3~4.5cm，宽1.4~2.8cm，下面仅脉上疏被糙伏毛，上面亦被糙伏毛，毛隐藏于表皮下，仅尖端露出，基部宽楔形或近圆形，边缘全缘，具缘毛，先端渐尖或急尖；基出脉5；叶柄长0.5~1cm，被糙伏毛。

🌸 花序为伞房花序顶生或近顶生，具（1~）3~5花；叶状总苞2，常较叶小；花梗被糙毛，长约5mm；苞片2，披针形，被糙伏毛，长6~7mm；被丝托坛状，长7~8mm，宽5~6mm，密被略扁的糙伏毛，毛体有时具少数分支；萼片披针形，长7~8mm，外面及里面顶端被糙伏毛，具缘毛，萼片间具1小而短、呈棒状的小萼片；花瓣5，粉红或紫红色，菱状倒卵形，长2~2.5cm，宽约1.5cm，上部略偏斜，先端具1束刺毛；雄蕊10，5长5短，长雄蕊长约1.5cm，花丝长约7mm，药隔基部伸长，弯曲，末端具2小瘤，短雄蕊长约8mm，药隔不延伸，花药基部具2小瘤；子房顶端被刚毛。

果 蒴果坛状球形，顶端略缢缩，平截，直径和长均约7mm，肉质，开裂或不开裂，宿存被丝托密被糙伏毛。

引种信息
华南植物园 引种苗（登录号20135004），2013年1月1日引进，引种地和引种人记录缺失。
仙湖植物园 自广西来宾市金秀瑶族自治县引种苗（引种号F0070993）。

物候
华南植物园 花期几乎全年，盛花期5～10月，未见有果。

迁地栽培要点
细叶野牡丹属于阳性植物，需照射70%以上至100%的日照，阳光充足可增加开花数量，性喜温暖及潮湿的生育环境，故全期栽培的土壤水分供应要充足。繁殖可采用播种和扦插，园艺上的扦插繁殖的技术已经比较成熟。

研究概述
林秀香（2009）的研究表明细叶野牡丹扦插效果最好处理组合为：春季+顶部枝条+红壤：谷壳灰=4：1，生根率平均达 95.37%。杨利平等（2012）发现在 MS培养基上，细叶野牡丹的茎段腋芽可以直接诱导萌发，其中 MS+6-BA 1.0 mg/L+NAA 0.5 mg/L的诱导率达到 80%。经过 MS+6-BA 0.5 mg/L +NAA 0.05 mg/L 和 MS+6-BA 0.5 mg/L +NAA 0.1 mg/L 继代培养，83% 直接在接种芽的基部形成丛生芽，平均每月芽增殖倍数可达 3.6。在生根培养 1个月后，生根率达 100%，其中 1/2 MS+NAA 0.1 mg/L 根系生长状态最好。幼苗移栽到灭菌的栽培基质 V（草炭）：V（珍珠岩）：V（腐叶土）= 1：1：1 中，成活率为 87%。

林秋金等（2014）开展的传粉生态学研究表明：细叶野牡丹花瓣和内轮黄色雄蕊对访花昆虫有吸引作用；访花昆虫主要有蜂类、食蚜蝇类、瓢虫类和蚁类；主要传粉昆虫有木蜂、蜜蜂；细叶野牡丹具典型的异型雄蕊，为自交亲和的异交种，需要昆虫传粉；人工自交和异交均具有较高的坐果率；不存在无融合生殖、主动自交和自交不亲和现象；其繁育系统是兼性异交。

Seping Dai 等（2012）通过分子证据，揭示了细叶野牡丹的杂交起源，其亲本为 *M. candidum* 以及 *M. dodecandrum*。引起二者产生杂交的因素包括：分布域重叠、生境相似、花期相近、共享传粉者。

主要用途
优良的园林景观植物。全株入药，清热解毒；消肿。主痢疾；口疮；疖肿；毒蛇咬伤。

叶面

叶背

果实

21 野牡丹

别名: 山石榴、大金香炉、猪古稔、豹牙兰

Melastoma malabathricum L., Sp. Pl. 1: 390. 1753.

植株

自然分布

福建、广东、广西、云南、贵州、海南、四川、江西、台湾、浙江。柬埔寨、日本、尼泊尔、马来西亚、印度、缅甸、越南、泰国及菲律宾等。生于海拔100~2800m的山坡及草丛中、疏林下、灌草丛中，或路边、沟边。

迁地形态特征

灌木，高0.5~1.5m。

🟢 茎 钝四棱形或近圆柱形，分枝多，密被紧贴的鳞片状扁平糙伏毛。

🟢 叶 坚纸质，卵形至椭圆形或椭圆状披针形，顶端渐尖，基部浅心形或近圆形，长4~14cm，宽1.7~3.5（~6）cm，全缘，叶面密被糙状毛，背面密被糙状毛及短柔毛；5（7）基出脉，基出脉隆起，细脉多数，平行；叶柄长5~19mm，密被糙状毛。

🌸 伞房花序生于分枝顶端,近头状,有花3～7朵。基部具叶状总苞片2,苞片狭披针形至钻形,密被糙伏毛;花梗长2～8(～10)mm,具糙伏毛;被丝托长5～9mm,密被紧贴的糙伏毛,顶部边缘流苏状;萼片披针形到卵状披针形,先端渐尖,两面和边缘具鳞片状糙伏毛和短柔毛;花瓣红紫色,2～3(～4)cm,边缘仅具缘毛,先端圆形;雄蕊长者药隔基部伸长,末端2裂,弯曲,短者药隔不伸长,药室基部各具1小瘤;子房半下位,密被糙伏毛,顶端具1圈密刚毛。

🍎 蒴果坛状球形,长6～15mm,宽6～12mm,密被鳞片状糙状毛。

引种信息

昆明植物园 昆明植物园露地栽培采自海拔1800m的种源能耐受-5℃低温;而市场购买的50cm高的中苗全部冻死。现存植株保存在"百草园"阴生药用植物区。

桂林植物园 自广西桂林市周边丘陵山地引种带土球苗(登录号为331),海拔150～250m。

仙湖植物园 有引种,但引种信息缺失。定植于化石森林区域,生长良好。该园有野生分布。

广西药用植物园 自广西恭城瑶族自治县西岭川江河边引种苗(登录号20010175);四川成都市该园有野生分布。都植物园引种苗(登录号20091453);深圳市仙湖植物园引种苗(登录号20112706);该园也有野生分布。

西双版纳热带植物园、厦门植物园 有引种,但引种信息缺失。

物候

昆明植物园 展叶始期是3月上旬,展叶盛期在4月中旬;开花始期为5月中旬,开花盛期是5月底至6月初。6月中旬至7月中旬,由于初次开花后花序基部叶腋花芽萌发有二次开花现象。果期8月至翌年1月。果实不能成熟。

桂林植物园 芽膨大期1月底,展叶始期2月中上旬,展叶盛期3月初;开花始期4月上旬,开花盛期5月上旬,开花末期5月下旬;幼果初现期5月下旬,生理落果6月中旬,果实成熟及脱落期6月下旬。

华南植物园 花期4月。

仙湖植物园 花期4～7月。

迁地栽培要点

微酸性疏松的红壤,不耐积水,耐寒、耐旱、耐瘠薄。昆明植物园露地栽培在土壤为石灰岩发育成的红壤与腐叶土按1:1混合而成的壤土,排水良好,遮光度为50%的阴生药用植物区,生长好。容易生根,易于扦插繁殖;种子细小,要用盆(塑料筛)播,播种繁殖时,基质要细,浸透水后将种子均匀撒在表面,不再进行覆盖土,用塑料膜覆盖,上面用遮阳网覆盖遮光。种子萌发后,采用浸盆法浇水,逐步增加光照强度,可获得较高的成苗率。当年落下的种子第二年春季可以发芽,也可进行嫩枝扦插繁殖。扦插时间一般在春天清明节前后。其为低耗肥植物,一般以复合肥为主,在冬季以穴施,每亩10kg左右就可以满足开花结果。如遇高温干旱天气叶子会发黄,但浇水则很快恢复。

越冬管理:露天过冬,不需要任何设备。冬季只要水分充足打霜也不会变色。

病虫害防治:目前没发现有任何病害和虫害。

研究概述

野牡丹是华南、西南地区十分常见的乡土物种,且观赏价值高,具有很好的开发利用前景。数项研究(Ting Liu et al., 2014;Peishan Zou et al., 2017)表明野牡丹与同属物种存在广泛杂交。代色平等学者(2016)以野牡丹为母本、毛菍为父本,从F1代杂种中选育了新品种"天骄"。杂交育种或是野牡丹园林应用开发的一个重要手段。

主要用途

果可食用。全草入药具消积滞，收敛止血，散瘀消肿的功效，用于治消化不良，肠炎腹泻，痢疾，肝炎，衄血；捣烂外敷，治外伤出血，刀枪伤。根煮水内服，以胡椒作引子，可催生，故有催生药之称。花大、美丽，是极好的观赏灌木，可在南亚热带地区园林绿化中种植应用。

叶背　叶面　小枝　花　果实

22
白花野牡丹

别名： 白埔笔花、白花山石榴、白九螺仔花

Melastoma malabathricum D. Don f. ***albiflorum*** J. C. Ou, Mem. Wern. Nat. Hist. Soc. 4: 288. 1823.

植株

自然分布

中国南方及台湾。生于低海拔以下的山坡松林下或开阔的灌草丛中，数量稀少较少见。

迁地栽培形态特征

- 🌱 钝四棱形或近圆柱形，茎、叶柄密被紧贴的鳞片状糙伏毛。
- 🍃 对生，坚纸质，卵形、广卵形、狭椭圆形，长4～10cm，宽2～6cm，先端急尖，基部浅心形或近圆形，全缘，两面被糙伏毛及短柔毛；基出脉7条；叶柄密被紧贴的鳞片状糙伏毛，叶柄长0.5～15cm。
- 🌸 伞房花序生于分枝顶端，近头状，有花3～5朵，稀单生，基部具叶状总苞2；苞片、花梗及花萼密被鳞片状糙伏毛；花梗长0.3～2cm；花5数，萼片卵形或略宽，与被丝托等长或略长，先端渐尖，两面均被毛；花瓣白色，倒卵形，长3～4cm，先端圆形，密被缘毛；雄蕊5长5短，长者药隔基部伸长，弯曲，末端2深裂，短者药室基部具一对小瘤；子房半下位，5室，密被糙伏毛，先端具一圈刚毛。

081

🍏 **果** 蒴果坛状球形,与宿存萼丝托贴生,长1~1.5cm,直径0.8~1.2cm,密被鳞片状糙伏毛;种子镶于白色肉质胎座内。

引种信息

华南植物园 自深圳市仙湖植物园引种枝条(登录号20112905)。

西双版纳热带植物园 自广州市华南植物园引种苗1株(引种号00 2007 0460)。

仙湖植物园 有引种,但引种信息缺失。

物候

仙湖植物园 花期2~5月,果期4~7月。

华南植物园 花期4~5月,果期6月。

西双版纳热带植物园 花期5~7月,果期10~12月。冬季12月至翌年2月生长缓慢,有落叶现象。

迁地栽培要点

光照较强或稍阴处种植,耐贫瘠,生长较好。种子繁殖生长缓慢,适合用枝条扦插方式繁殖。有广翅蜡蝉若虫虫害。

研究概述

野牡丹属雄蕊为异型雄蕊。围绕异型雄蕊是否是雄蕊功能分化的体现,在不同类群开展了传粉生态学研究工作,但目前尚无定论。

金红等(2015)对白花野牡丹的开花进程、花部形态特征、繁育系统的研究表明:白花野牡丹的单花花期约12小时,7:00雌蕊柱头从即将开放的花蕾中伸出、8:30左右花瓣完全展开、16:00左右

花瓣开始闭合、19:00左右花瓣完全闭合,翌日花瓣不再开放并逐渐萎蔫,至第4天花部完全脱落。白花野牡丹的花序为近头状的伞房花序,每个花序有3～8朵花;雌蕊1枚;雄蕊异型,2轮(5+5,6+6),内轮雄蕊较短、外轮雄蕊较长,两类雄蕊产生的花粉粒极轴长有差别,萌发率也不同;雌雄异熟,柱头先花药成熟;不分泌花蜜。杂交指数(OCI)为4,花粉-胚珠比(P/O)约为417.6～1035.2;在自然条件下白花野牡丹不能自花授粉,没有无融合生殖;繁育系统为自交亲和的异花授粉植物,兼性异交,需要传粉者。传粉工作研究表明:白花野牡丹传粉昆虫有2科6种,包括领木蜂(*Xylocopa collaris*)、东亚无垫蜂〔*Amegilla (Zonamegilla) parhypate*〕、蓝彩带蜂(*Nomia chalybeata*)、彩带蜂(*Nomia sp.*)、中华蜜蜂(*Apis cerana cerana*)和绿芦蜂(*Pithitis smaragdula*)。这6种传粉昆虫的访花行为、访花规律及传粉效率各异,其中,领木蜂、东亚无垫蜂、中华蜜蜂和绿芦蜂的日活动规律为单峰型,访花高峰期均在10:00或11:00;而蓝彩带蜂和彩带蜂的日活动规律为双峰型,2个访花高峰期分别在10:00和15:00。花瓣开始松动时,小体型的中华蜜蜂和绿芦蜂开始传粉;随着花瓣继续开放,中等体型的蓝彩带蜂和彩带蜂成为主要传粉者;花瓣完全开放后,大体型的领木蜂和东亚无垫蜂成为主要传粉者。白花野牡丹花粉是传粉昆虫的唯一报酬;各传粉昆虫的访花行为与白花野牡丹的开花进程密切相关,保证其高效繁殖机制。

白花野牡丹是本土野生优良观花小灌木,但与同属物种一样存在种子播种生长缓慢的情况。陈刚等(2017)首次用白花野牡丹种子萌发的无菌苗的带节茎段为外植体进行了组织培养。研究结果表明采用0.1% $HgCl_2$ 溶液短时间(2min)灭菌即可达到为种子除菌的目的。丛生芽诱导选用1/4MS+6-BA 1mg/L。优化的生根培养基为1/2MS+NAA 0.2 mg/L。选取生长健壮的白花野牡丹组培苗,在塘泥与腐殖质(1:3,V:V)的混合基质中,移栽苗的成活率可达90%以上。1年后成活植株即可正常开花结实。同时,金红等(2016)还发明了一种白花野牡丹的快速扦插繁殖方法。

主要用途

白花野牡丹花色清雅,在华南地区开花周期较长,是本土野生优良观花小灌木。

白花野牡丹跟野牡丹同等入药,台湾民间流传用白花野牡丹治疗糖尿病。

老茎

果实特写

23 毛菍

别名：甜娘、开口枣、雉头叶、鸡头木、红狗杆木

Melastoma sanguineum Sims, Bot. Mag. 48: t. 2241. 1821.

植株

花

自然分布

福建、广东、香港、澳门、海南和广西。印度、缅甸、泰国、柬埔寨、越南、马来西亚及印度尼西亚。生于山地疏林、林缘或山顶，海拔100～400m。

迁地栽培形态特征

大灌木，高1.5～3m。茎、小枝、叶柄、花梗、花序轴及被丝托均被开展的长硬毛，毛体长5～8mm，基部膨大。

🌿 卵状披针形或披针形，纸质，长9～17cm，宽2.5～5cm，基部钝或圆，边缘全缘，先端长渐尖或渐尖，基出脉5，两面均疏被糙伏毛，毛体大部分隐藏于叶表皮下，仅尖端露出；叶柄长1.5～3cm。

🌸 伞房花序顶生，常具1花，稀具3～5花；总苞片戟形，膜质，先端渐尖，与苞片的下面均被短糙伏毛，具缘毛；苞片宽卵形，长5～6mm，宽4～5mm；花梗长0.6～1cm；被丝托坛状，长1～2cm，直径1～1.5cm；萼片5（～7），三角形至三角状披针形，长0.8～1.2cm，宽3～4mm，脊上被短糙伏毛，萼片间具1条形或条状披针形的小萼片；花瓣5（～7），粉红色或紫红色，宽倒卵形，长约4cm，宽约2cm，上部略偏斜，先端圆或有时微凹；雄蕊10（～14），长雄蕊花药长1～1.3cm，花丝短于药隔，药隔长约1cm，基部延伸，弯曲，末端2裂，短雄蕊花药长约9mm，花丝与花药近等长，药隔基部不延伸；子房密被刚毛。

🟢 **果** 蒴果杯状球形，长1.5~2cm，直径1.4~1.8cm，为宿存被丝托所包，宿存被丝托密被红色长硬毛。种子马蹄形，分红色和黄色两种，形态、大小一致，长0.6~0.7mm，宽0.4~0.5mm。

引种信息

西双版纳热带植物园 自广东深圳市引种种子多粒（引种号00 2003 1977）。

广西药用植物园 自广西南宁市兴宁区四塘镇同仁村山口引种苗（登录号20050233）

仙湖植物园、华南植物园 有引种，但引种信息缺失。仙湖植物园有野生分布。

物候

西双版纳热带植物园 花果期很长，5~11月。

迁地栽培要点

毛菍常见于海拔400m以下的坡脚、沟边，湿润的草丛或矮灌丛等酸性土壤中。毛菍的繁殖可采用播种、扦插或组织培养。毛菍种子多，可以进行播种繁殖，但为了保持母株的优良特性需要进行无性繁殖。扦插繁殖的速度较慢，而采用组织培养技术能在短期内获得大量的种苗，但需要运用技术手段。

研究概述

毛菍是华南地区十分常见的乡土物种，且观赏价值高，具有很好的开发利用前景。Ting Liu等人的研究（2014）表明毛菍与同属物种存在杂交。代色平等学者（2016）分别以野牡丹为母本、毛菍为父本，毛菍为母本、细叶野牡丹为父本的F1代杂种中选育了新品种"天骄"和"心愿"。杂交育种或是毛菍园林应用开发的一个重要手段。

主要用途

果可食用。根、叶可供药用，根有收敛止血、消食止痢的作用，治水泻便血、妇女血崩、止血止痛；叶捣烂外敷有拔毒生肌止血的作用，治刀伤跌打、接骨、疮疖、毛虫毒等。茎皮含鞣质。花大艳丽，是良好的园林观赏植物。

幼果

果实

叶背特写　　叶柄　　叶面特写

叶面　　种子　　果实特写

叶背　　植株幼株　　扦插苗

茎

谷木属

Memecylon L., Sp. Pl. 1: 349. 1753.

灌木或小乔木，植株通常无毛；小枝圆柱形或4棱形，分枝多。叶片革质，全缘，羽状脉，具短柄或无柄。聚伞花序或伞形花序，腋生、生于落叶的叶腋或顶生；花小，4数，被丝托杯形、钟形、近漏斗形或半球形，檐部浅波状或浅4裂；花瓣白色、黄绿色或紫红色，圆形、长圆形或卵形，有时一侧偏斜；雄蕊8，等长，同型，花丝常较花药略长；花药短，椭圆形、纵裂，药隔膨大，伸长呈圆锥形，较花药大2~3倍，脊上常有1环状体；子房下位，半球形，1室，顶端平截，具8条放射状的槽，槽边缘隆起或成狭翅；胚珠6~12枚，特立中央胎座浆果状核果，通常球形，顶端具环状宿存萼檐，外果皮通常肉质，有种子1颗；种子光滑，种皮骨质；子叶折皱，胚弯曲。

约300种，分布于非洲、亚洲、澳大利亚热带地区、马达加斯加及太平洋诸岛，其中以东南亚、太平洋诸岛为多；我国11种，分布于西藏、云南、广西、广东、福建等省区南部。

本属有的种类果可食，味甜。

谷木属分种检索表

1a. 果球形或倒卵球形，无纵肋。
  2a. 叶长8~11cm，宽3.8~6cm；果直径1~1.5cm …… 24. 天蓝谷木 ***M. caeruleum***
  2b. 叶长不超过8cm，宽不超过3.5cm，果直径0.6~1cm。
    3a. 花瓣半圆形，长约3mm，宽约4mm ……………… 25. 谷木 ***M. ligustrifolium***
    3b. 花瓣广披针形，长约2mm，宽约1mm …………… 26. 黑叶谷木 ***M. nigrescens***
1b. 果扁球形，具8条隆起的纵肋 ……………………………… 27. 棱果谷木 ***M. octocostatum***

24 天蓝谷木

Memecylon caeruleum Jack, Malayan Misc. 1 (5) : 26. 1820.

花

自然分布

海南，西藏东南部，云南等。柬埔寨，印度尼西亚和越南。分布于海拔900~1200m的密林中。

迁地栽培形态特征

灌木或小乔木，高1.5~2.5m。

🌿 小枝圆柱状，光滑无毛。

🍃 对生，革质，椭圆状，长8~11cm，宽3.8~6cm，两面均很光滑，无毛，基部楔形或接近圆形，全缘，先端锐尖；叶柄长5~10mm。

🌸 花序生长于叶腋，簇生或呈短聚伞状，长1.5~3cm，花序梗长5~12mm；苞片长0.5mm，很快脱落，花梗长2~5mm，无毛，小花杯状，1~1.5cm，蓝紫色；萼片4，边缘呈残波状；花瓣4，宽卵形，先端锐尖；雄蕊2.5mm，花药圆锥状1~1.5mm；子房杯状或卵形。

🍒 幼果粉红色，成熟时紫黑色，倒卵球形，直径1~1.5cm，光滑无毛，外果皮多汁。

引种信息

西双版纳热带植物园 有引种，但引种信息缺失。

物候

西双版纳热带植物园 花期7~11月，果期8月至翌年4月。

迁地栽培要点

于2002年5月22日定植于西双版纳热带植物园综合二区林下砂壤土上，生长较好，没有发现大规模或严重的病虫害。

主要用途

树型美观，高2m左右。花较小，始花时零零星星会影响观赏性，盛花时树枝上像结了一颗颗紫蓝色的钻石花，有很好的观赏价值，是一种可供庭院观赏的优良树种。

25 谷木

别名： 角木、壳木、山梨子

Memecylon ligustrifolium Champ. ex Benth., Hooker's J. Bot. Kew Gard. Misc. 4: 117–118. 1852.

小枝（徐晔春 摄）

自然分布

产云南、广西、广东、福建、海南。生于海拔100~1600m的密林下。

迁地栽培形态特征

大灌木或小乔木，高1.5~5（~7）m。

🌿 小枝圆柱形或不明显的四棱形，分枝多。

🍃 革质，椭圆形至卵形，或卵状披针形，顶端渐尖，钝头，基部楔形，长5.5~8cm，宽2.5~3.5cm，全缘，两面无毛，粗糙，叶面中脉下凹，侧脉不明显，背面中脉隆起，侧脉与细脉均不明显；叶柄长3~5mm。

🌸 聚伞花序，腋生或生于落叶的叶腋，长约1cm，总梗长约3mm；苞片卵形，长约1mm；花梗长1~2mm，基部及节上具髯毛；花萼半球形，长1.5~3mm，边缘浅波状4齿；花瓣白色或淡黄绿色，或紫色，半圆形，顶端圆形，长约3mm，宽约4mm，边缘薄；雄蕊蓝色，长约4.5mm，药室及膨大的圆锥形药隔长1~2mm；子房下位，顶端平截。

🍎 浆果状核果球形，直径约1cm，密布小瘤状突起，顶端具环状宿存萼檐。

引种信息

仙湖植物园 自广东深圳七娘山引种枝条扦插（引种号F0091126）。

物候

仙湖植物园 花期5~8月，果期12月至翌年2月。

迁地栽培要点

可林下种植。

主要用途

观赏。

枝叶入药。味苦、微辛，性平，归肝经。功能活血止痛，化瘀止血。主治腰背疼痛，跌打肿痛，外伤出血。

花（徐晔春 摄）

叶片

26 黑叶谷木

Memecylon nigrescens Hook. & Arn., Bot. Beechey Voy. 186. 1841.

自然分布

广东、海南。越南。生于海拔450~1700m的山坡疏、密林中或灌木丛中。

迁地栽培形态特征

灌木或小乔木，高2~8m。

🌿 小枝圆柱形，无毛，分枝多，树皮灰褐色。

🍃 坚纸质，椭圆形或稀卵状长圆形，顶端钝急尖，长3~6.5cm，宽1.5~3cm，具微小尖头或有时微凹，基部楔形，干时黄绿色带黑色，全缘，两面无毛，光亮；叶面中脉下凹，侧脉微隆起；叶柄长2~3mm。

🌸 聚伞花序极短，近头状，有2~3回分枝，长1cm以下，总梗极短，多花；苞片极小，花梗长约0.5mm，无毛；被丝托浅杯形，顶端平截，长约1.5mm，直径约2mm，无毛，具4浅波状齿；花瓣蓝色或白色，广披针形，顶端渐尖，边缘具不规则裂齿1~2个，长约2mm，宽约1mm，基部具短爪；雄蕊长约2mm，药室与膨大的圆锥形药隔长约0.8mm，脊上无环状体，花丝长约1.5mm。

🍒 浆果状核果球形，直径6~7mm，干后黑色，顶端具环状宿存萼檐。

引种信息

华南植物园 有引种，但引种信息缺失。

物候

华南植物园 果期12月至翌年2月。

迁地栽培要点

较阴处种植。

主要用途

观赏。

植株　花（徐晔春 摄）　花序（徐晔春 摄）　叶面（徐晔春 摄）　叶背（周欣欣 摄）　小枝（周欣欣 摄）　果实（周欣欣 摄）

27
棱果谷木

Memecylon octocostatum Merr. & Chun, Bot. Sunyatsenia 2 (3–4) : 294, pl. 66. 1935.

花（陈少平 摄）

自然分布
广东、海南。见于山谷、山坡疏、密林中荫处。

迁地栽培形态特征
灌木，高1~3m。

🌿 小枝四棱形，棱上略具狭翅，以后渐钝；分枝多，树皮灰褐色。

🍃 叶片坚纸质或近革质，椭圆形或广椭圆形，顶端广钝急尖，具小尖头，基部广楔形，长1.5~3.5cm，宽7~18mm，全缘，两面无毛，干时叶面黑褐绿色，略具光泽，中脉下凹，背面浅褐色，中脉隆起，侧脉两面微隆起；叶柄长1~2mm。

🌸 聚伞花序，腋生，极短，长6~8mm，花少，无毛，总梗长2~4mm，苞片钻形，长约1mm；花梗长1~2mm，无毛；被丝托钟状杯形，四棱形，长2~2.8mm，无毛，萼片三角形或卵状三角形，长约0.8mm；花瓣淡紫色，卵形，顶端渐尖，近基部具不规则的小齿，长约3mm，宽约1.5mm；雄蕊2.5~3mm，药室与膨大的圆锥形药隔长约1.2mm，脊上具1环状体；花丝长约2.5mm。

🟢果 浆果状核果扁球形，直径约7mm，有8条隆起且极明显的纵肋，顶端冠以明显的宿存萼。

引种信息
华南植物园 自广东茂名市电白区小良镇引种苗（登录号20043770）。

物候
华南植物园 花期5~6月或11月，果期11月至翌年1月。

迁地栽培要点
较阴处种植。

主要用途
观赏。

叶、小枝（陈少平 摄）
果实（陈少平 摄）
果实（陈少平 摄）

金锦香属

Osbeckia L., Sp. Pl. 345. 1753.

草本、亚灌木或灌木，茎四或六棱形，通常被毛。叶对生或3枚轮生，全缘，通常被毛或具缘毛，3~7基出脉，侧脉多数，平行；具叶柄或几无。头状花序或总状花序，或组成圆锥花序，顶生；花4~5数，被丝托坛状或长坛状，通常具刺毛突起（或星状附属物）、篦状刺毛突起（或篦状鳞片）或多轮刺毛状的有柄星状毛，萼片线形、披针形至卵状披针形，具缘毛；花瓣倒卵形至广卵形，具缘毛或无；雄蕊为花被片的2倍，同型，等长或近等长，常偏向一侧，花丝较花药短或近相等，花药长圆状卵形，有长喙或略短，药隔下延，向前方伸延成2小疣，向后方微膨大或成短距，距末端有时具1~2条刺毛；子房半下位，4~5室，顶端常具1圈刚毛。蒴果卵形或长卵形，4~5纵裂，顶孔最先开裂；宿存被丝托坛状或长坛状，顶端平截，中部以上常缢缩成颈，常具纵肋；种子小，马蹄状弯曲，具密小突起。

约50种，分布于东半球热带及亚热带至非洲热带。我国5种，分布于西藏至台湾、长江流域以南各省区。

本属植物有的种可供药用。

金锦香属分种检索表

1a. 花瓣长 1~1.5 cm；被丝托 0.6 cm ·················· 28. 金锦香 *O. chinensis*
1b. 花瓣长 1.5~2 cm；被丝托 1~2.3 cm ··············· 29. 星毛金锦香 *O. stellata*

28 金锦香

别名: 杯子草、小背笼、朝天罐子、金香炉、天香炉

Osbeckia chinensis L., Sp. Pl. 1: 345-346. 1753.

花

自然分布

安徽、福建、广东、广西、贵州、海南、湖南、湖北、江苏、江西、吉林、四川、台湾、西藏、云南、浙江。柬埔寨、印度、印度尼西亚、日本、老挝、马来西亚、缅甸、尼泊尔、菲律宾、泰国、越南、澳大利亚。生于海拔1100m以下的荒山草坡、路旁、田地边或疏林下阳处。

迁地栽培形态特征

直立草本或亚灌木,高20~60cm。

🌿 茎 四棱形,具紧贴的糙伏毛。

🌿 叶 坚纸质,线形或线状披针形,极稀卵状披针形,顶端急尖,基部钝或几圆形,长2~4(~5)cm,宽3~8(~15)mm,全缘,两面被糙伏毛;3~5基出脉,于背面隆起,细脉不明显;叶柄短或几无,被糙伏毛。

🌸 花 头状花序,顶生,有花2~8(~10)朵,基部具叶状总苞2~6枚;苞片卵形,被毛或背面无

毛，无花梗；被丝托长约6mm，通常带红色，无毛或具1～5枚刺毛突起，萼片4，三角状披针形，与被丝托等长，具缘毛，各萼片间外缘具一刺毛突起，果时随萼片脱落；花瓣4或5，淡紫红色或粉红色，倒卵形，长约1cm，具缘毛；雄蕊8或10，常偏向一侧，花丝与花药等长，花药顶部具长喙，喙长为花药的1/2，药隔基部微膨大呈盘状；子房近球形，顶端有刚毛16条。

🟢 **果** 蒴果紫红色，卵状球形，4纵裂，宿存被丝托坛状，长约6mm，直径约4mm，外面无毛或具少数刺毛突起。

引种信息

广西药用植物园 自广西崇左市龙州县上金乡新旺村引种苗（登录号20080355；20080359）；自广西防城港市引种苗（登录号20101498）。

华南植物园 有引种，但引种信息缺失。

物候

华南植物园 花期7～9月，果期9～11月。

迁地栽培要点

向阳处种植。

主要用途

全草入药，能清热解毒、收敛止血，治痢疾止泻，又能治蛇咬伤。鲜草捣碎外敷，治痈疮肿毒以及外伤止血。花果期长，观赏。

果实（刘军 摄）

29 星毛金锦香

Osbeckia stellata Buch.-Ham. ex Ker Gawl., Bot. Reg. 8: t. pl. 674. 1822.

花（朱鑫鑫 摄）

自然分布

福建、广东、广西、贵州、海南、湖北、湖南、江西、四川、台湾、西藏、云南、浙江。不丹、柬埔寨、老挝、印度、缅甸、尼泊尔、泰国、越南。生于海拔200～2300m的山坡、山谷、水边、路旁、疏林中或灌木丛中。

迁地栽培形态特征

灌木，高0.2～1.5（～2.5）m。

🌿 茎 四棱形或稀六棱形，被平贴的糙伏毛或上升的糙伏毛。

🍃 叶 对生或有时3枚轮生，坚纸质，卵形至卵状披针形，顶端渐尖，基部钝或圆形，长4～9（～13）cm，宽2～3.5（～5）cm，全缘，具缘毛，两面除被糙伏毛外，尚密被微柔毛及透明腺点；5基出脉；叶柄长0.2～1（～1.5）cm，密被平贴糙伏毛。

🌸 花 稀疏的聚伞花序组成圆锥花序，顶生，长4～22cm或更长；被丝托长1～2.3cm，外面除被多轮的刺毛状有柄星状毛外，尚密被微柔毛，萼片4，长三角形或卵状三角形，长0.8～1.2cm；花瓣深红色至紫色，卵形，长1.5～2cm；雄蕊8，花药具长喙，药隔基部微膨大，末端具刺毛2；子房顶端具1圈短刚毛。

🟢 **果** 蒴果长卵形，为宿存被丝托所包，宿存被丝托长坛状，中部略缢缩，长1～1.6cm，被刺毛状有柄星状毛。

引种信息

华南植物园 自广东韶关市始兴县引种幼苗（登录号20031796）；湖南绥宁县黄桑保护区引种苗（登录号20043460）。

物候

华南植物园 花期7～9月，果期10～12月。

主要用途

花大且美，花期较长，是优良的观花植物。

小枝（朱鑫鑫 摄）　叶面（朱鑫鑫 摄）　果实（朱鑫鑫 摄）　叶背（朱鑫鑫 摄）

尖子木属

Oxyspora DC., Prodr. 3: 123. 1828.

灌木，茎钝四棱形，具槽。单叶对生，边缘具细齿，5~7基出脉；具叶柄。由聚伞花序组成的圆锥花序，顶生；苞片极小，常早落；花4数，被丝托狭漏斗形，具8脉，萼片短，宽三角形或扁三角状卵形，顶端常具小尖头；花瓣粉红色至红色，或深玫瑰色，卵形，顶端通常具突起小尖头并被微柔毛；雄蕊8，4长4短，长者药隔不伸长或伸长成短距（我国不产），短者通常内藏，药隔基部伸长成短距；子房通常为椭圆形，4室，顶端无冠。蒴果倒卵形或卵形，有时呈钝四棱，顶端伸出胎座轴，4孔裂；宿存被丝托较果略长，通常漏斗形，近上部常缢缩，具纵肋8条；种子多数，近三角状披针形，有棱。

约20种，产我国西南部、尼泊尔、缅甸、印度、越南、老挝、泰国等。我国有4种，分布于西藏、四川至广西。

本属有的植物供药用。

30 尖子木

别名： 酒瓶果、砚山红

Oxyspora paniculata (D. Don) DC., Prodr. 3: 123. 1828.

花序

自然分布

西藏、贵州、云南、广西。不丹、柬埔寨、印度、老挝、尼泊尔、缅甸至越南。生于海拔500～1900m的山谷密林下，阴湿处或溪边，也生长于山坡疏林下，灌木丛中湿润的地方。

迁地栽培形态特征

灌木，高1～2m，稀达6m。

🌿 茎 四棱形或钝四棱形，通常具槽，幼时被糠秕状星状毛及具微柔毛的疏刚毛。

🌿 叶 坚纸质，卵形或狭椭圆状卵形或近椭圆形，顶端渐尖，基部圆形或浅心形，长12～24cm，宽4.6～11cm，稀长32cm，宽15.5cm，边缘具不整齐小齿，7基出脉，叶面被糠秕状鳞片或几无，基出脉下凹，背面通常仅于脉上被糠秕状星状毛，脉明显，隆起，细脉与侧脉垂直；叶柄长1～7.5cm，有槽，通常密被糠秕状星状毛，槽内被具微柔毛的刚毛。

🌿 花 由聚伞花序组成的圆锥花序，顶生，被糠秕状星状毛，长20～30cm，稀较短，基部具叶状总苞2；苞片和小苞片小，披针形或钻形，长1~3mm；被丝托长约8mm，幼时密被星状毛，以后渐脱落，狭漏斗形，具钝四棱，有纵脉8条，萼片扁三角状卵形，长约1mm，顶端急尖，具突起的小尖头；花瓣红色至粉红色或深玫瑰红色，卵形，长约7mm，于右上角突出1小片，顶端具突起的小尖头并被微柔毛；雄蕊长者紫色，药隔隆起而不伸长，短者黄色，药隔隆起，基部伸长成短距；子房下位，无毛。

🟢 **果** 蒴果倒卵形，顶端具胎座轴，长约8mm，直径约6mm；宿存被丝托较果长，漏斗形。

引种信息

华南植物园 自云南文山壮族苗族自治州马关县引种种子（登录号20050231）。

昆明植物园 露地栽培在"百草园"阴生药用植物区和岩石园，在5天-5℃低温情况下，发生四级冻害，地上部分冻死，春季气温回暖后从基部萌发新梢；-1℃时顶部嫩梢受冻害。

广西药用植物园 自广西南宁市上林县大明山引种苗（登录号20030106）；广西百色靖西市荣劳乡荣劳村引种苗（登录号20030137）；广西河池市凤山县逻蒙村引种苗（登录号20070102）；广西百色靖西市至龙邦公路沿线引种苗（登录号20070907）。

仙湖植物园 有引种，但引种信息缺失。

物候

华南植物园 花期7~9月，稀10月。果期1~3月。

昆明植物园 3月4日叶芽开放，3月10日展叶，3月19日为展叶盛期；在空旷的岩石园开花始期为8月26日，开花盛期是9月上旬至10月初，末期为11月上旬。在百草园荫蔽环境下，花始期为9月16日，开花盛期是10月9日，末期为11月上旬。果期11月至翌年1月。果实不能成熟；果1月13日全部脱落。

迁地栽培要点

本种性喜温暖湿润的生境。种植在富含腐殖质的排水良好、湿润的壤土中，上部遮光度为50%的区域，植株生长好。种子细小，要用盆（塑料筛）播，播种繁殖时，基质要细，浸透水后将种均匀撒在表面，不再进行覆盖土，用塑料膜覆盖，上面用遮阳网覆盖遮光。种子萌发后，采用浸盆法浇水，逐步增加光照强度，可获得较高的成苗率。

主要用途

全株入药，性甘、平，具清热解毒，利湿的功效。用于治痢疾、疔疮、泄泻。常绿灌木，高可达6m，叶大，树形优美，花序大，花朵艳丽，是极好的观赏野生植物，是优良的亚热带园林绿化植物。

茎

叶面

叶背

植株

花

锦香草属

Phyllagathis Blume, Flora 2: 507. 1831.

草本或灌木，直立或具匍匐茎，茎通常四棱形，基部常木质化，通常被毛。叶片全缘或具细锯齿，5~9基出脉，侧脉互相平行，具叶柄。伞形花序常具长总梗（即花葶），或聚伞状伞形花序或聚伞花序组成圆锥花序、稀为头状花序，顶生或近顶生，或生于小枝顶端，或腋生，长的总梗（即花葶）常肉质，苞片通常较大，早落；花梗长或短，具小苞片；花（3）4数，被丝托长漏斗形、漏斗形或近钟形，具（3）4棱，有纵脉（6~）8条，萼片大或小，顶端具小尖头；花瓣粉红色、红色或紫红色，卵形或倒卵形，或广卵形，常偏斜；雄蕊等长或近等长，同型，花丝丝状，与花药等长或较短，花药钻形或长圆状线形，基部无附属体或呈小疣或呈盘状，药隔微膨大，基部有距，但不形成柄，子房下位，坛形，稀杯形，4室，顶端具膜质冠，冠开裂或不开裂，冠缘有时具小齿或缘毛，具隔片；花柱细长，柱头点尖。蒴果杯形或球状坛形，4纵裂，与宿存被丝托贴生，顶端膜质冠，常较宿存被丝托高；宿存被丝托具8脉；种子小，楔形或短楔形，具棱，密布小突起或小突起不明显。

约56种，分布于中国、印度尼西亚、马来西亚、缅甸、泰国。我国有24种，分布于长江流域以南各省区。

锦香草属分种检索表

1a. 雄蕊8，无退化 ·· 31. 锦香草 *P. cavaleriei*
1b. 雄蕊8，4枚退化 ·· 32. 红敷地发 *P. elattandra*

31 锦香草

别名： 熊巴掌、熊巴耳、猫耳朵草、铺地毡

Phyllagathis cavaleriei (H. Lév. et Van.) Guillaum, Notul. Syst. (Paris) 2 (11) : 325. 1913.

花序

花

自然分布

福建、广西、广东、湖南、贵州、江西、四川、云南、浙江。生于海拔300~3100m的山谷、山坡疏、密林下阴湿的地方或水沟旁。

迁地栽培形态特征

草本，高10~20cm。

🌱 直立或匍匐，逐节生根，近肉质，密被长粗毛，四棱形、通常无分枝。

🍃 近膜质，广卵形、广椭圆形或圆形，顶端广急尖至近圆形，有时微凹，基部心形。长6~12.5（~16）cm，宽4.5~11（~14）cm，边缘具不明显的缘毛，7基出脉，正面绿色，背面紫红色。叶面具疏糙伏毛状长粗毛，脉平整，背面仅基出脉及侧脉被平展的长粗毛，有时毛脱落，脉隆起；叶柄长1.5~9cm，密被长粗毛。

🌸 伞形花序，顶生，总花梗长4~17cm，被长粗毛，稀几无毛或无毛；苞片倒卵形或近倒披针形，有时呈突尖三角形，被粗毛，通常仅有4枚，长约, 1cm或更大，有时超过4枚，但极小；花梗长3~8mm，与被丝托均被糠秕；被丝托漏斗形，四棱形，长约5mm，萼片广卵形，顶端点尖，长约1mm；花瓣粉红色至紫色，广倒卵形，上部略偏斜，顶端急尖，长约5mm；雄蕊近等长，长8~10mm，花药长4~5mm，基部具小瘤或瘤不甚明显，药隔下延呈短距；子房杯形，顶端具冠。

🍎 蒴果杯形，顶端冠4裂，伸出宿存被丝托外约2mm，直径约6mm；宿存被丝托具8纵肋，果梗伸长，被糠秕。

引种信息

武汉植物园 自湖南怀化市会同县引种苗（引种号131360），生长速度中等，长势良好。

仙湖植物园 自湖北恩施东升苗木有限公司引种苗（登录号20170521）；自江西井冈山市引种苗（引种号F0091421）。

昆明植物园 有引种，但引种信息缺失。

仙湖植物园 自江西井冈山市引种苗（引种号F0091421）。

广西药用植物园 自广西桂林市兴安县猫儿山引种苗（登录号20113409）。

物候

武汉植物园 2月上旬叶芽萌动；4月上旬开始展叶，4月下旬展叶盛期；10月中旬开始显蕾；11月中旬开花，12月上旬开花盛期，12月下旬为开花末期；开花后未见结果。全年基本常绿。

仙湖植物园 花期6~7月。

迁地栽培要点

夏季需遮光50%，喜土质疏松。地栽或盆栽均可。节间生根，可扦插、压条繁殖。

主要用途

适合做地被，叶片颜色丰富带紫红色，可做色块；花色颜丽，开花在初冬，可弥补华中冬季花卉缺乏。全株药用，有清凉作用，用叶炖肉吃有滋补作用。全株烧灰治耳朵出脓；亦作猪饲料。

植株

叶面

叶面、花特写

32 红敷地发

别名： 石发、石莲

Phyllagathis elattandra Diels, Bot. Jahrb. Syst. 65(2–3): 116–117. 1933.

自然分布
产广西、广东、云南。生于海拔200～1000（～2000）m的山坡、山谷疏林下，岩石上湿土。

迁地栽培形态特征
多年生草本，具地下走茎，粗约1cm，有明显的叶痕。

茎 极短，有叶2～3对。

叶 纸质，椭圆形，稀倒卵形或近圆形，顶端钝或微凹，基部心形或钝，长10～22cm，宽7～15cm，近圆形者长达20cm，宽18cm，全缘或偶尔有极不明显的疏细齿，基出脉7～9，近边缘两条极不明显，叶面脉平整，被极疏的短刺毛，背面被糠秕或有时脉上被极疏的短刺毛，脉隆起；叶柄长4～8cm，粗壮，有时具翅。

花 伞形花序或由伞形花序组成仅有1对分枝的圆锥花序，顶生，总梗（或花葶）长8～10cm，被糠秕或杂有极疏的腺毛，苞片早落，花梗长约1cm，四棱形，与被丝托均被糠秕及疏腺毛；被丝托漏斗形，四棱形，长约5mm，萼片小，齿状，不明显；花瓣粉红色、红色至紫红色，长圆状卵形，略偏斜，顶端渐尖，长约10mm，宽约5mm；雄蕊8，其中4枚退化，能育雄蕊长13mm，花药长约7mm，基部无瘤，药隔下延成短距；子房卵形，顶端具膜质冠，冠缘具细缘毛。

果 蒴果杯形，顶端平截，为宿存被丝托所包；宿存被丝托具8脉，四棱形，棱上具狭翅，被腺毛，其余具糠秕，宿存萼片长约6mm，宽4mm。

引种信息
仙湖植物园 自广西来宾市金秀瑶族自治县引种苗（引种号F0070991）。

物候
仙湖植物园 花期5～6月，果期1～3月。

迁地栽培要点
可在阴湿处种植。

主要用途
叶片大，花朵美丽，可供观赏。

全株作药用，味甘、微辛，性凉，归肺、脾经。功能清热润肺止咳，消肿解毒止痒。主治肺热咳喘，燥咳，劳嗽，跌打肿痛，疮疖，烫伤，疥疮瘙痒。

肉穗草属

Sarcopyramis Wall., Tent. Fl. Nep. 32, pl. 23. 1824.

草本，茎直立或匍匐状，四棱形。叶片纸质或膜质，具3~5基出脉，侧脉平行，边缘通常具细锯齿；具叶柄。聚伞花序，顶生或生于分枝顶端，有花3~5朵，花序短，近头状，基部具2枚叶状苞片；花梗短，四棱形，棱上常有狭翅；被丝托杯状或杯状漏斗形，小，长3~5mm，具4棱，棱上常有狭翅，萼片4，顶端通常平截，具刺状小尖头或具流苏状长缘毛膜质的盘；花瓣4，粉红色至紫红色，常偏斜，具小尖头；雄蕊8，整齐，同型，花药倒心形或倒心状椭圆形，近顶孔开裂，药隔基部常下延，成钩状短矩或成小突起；子房下位，4室，顶端具膜质冠，冠檐不整齐。蒴果杯状，具4棱，膜质冠常超出宿存被丝托外，顶孔开裂；种子小，多数，倒长卵形，背部具密小乳头状突起。

约2种，从尼泊尔至马来西亚及我国台湾。我国有2种，分布于西藏至台湾各省区。有的种类全草入药，常用于清热平肝火。

肉穗草属分种检索表

1a. 花较小，花瓣长3~4 mm，被丝托长3~5 mm ········ 33. 肉穗草 *S. bodinieri*
1b. 花大，花瓣长约7 mm，被丝托长约5 mm ·············· 34. 楣头红 *S. napalensis*

33 肉穗草

Sarcopyramis bodinieri H. Lév. & Vaniot, Mém. Soc. Sci. Nat. Cherbourg 35: 397. 1906.

自然分布

福建、广西、贵州、四川、西藏、云南及台湾。菲律宾。生于海拔300~2800m，山谷密林下、阴湿处或石缝间。

迁地栽培形态特征

小草本，高约5cm。

茎 匍匐状，四棱形，无毛。

叶 纸质，卵形或椭圆形，顶端钝或急尖，基部钝、圆形或近楔形，长1~5cm，宽0.7~5cm，边缘具疏浅波状齿，齿间具小尖头，叶面被疏糙伏毛，背面通常无毛，有时沿侧脉具极少的糙伏毛，通常呈紫红色，极稀为绿色；3~5基出脉，叶面基出脉微隆起，侧脉不明显，绿色或紫绿色，有时沿基出脉及侧脉呈黄白色，背面基出脉与侧脉隆起；叶柄长3~11mm，无毛，具狭翅。

花 聚伞花序，顶生，有花1~3朵，稀5朵，基部具2~6枚叶状苞片，苞片通常为倒卵形，被毛，总梗长0.5~3（~4）cm，花梗长1~3mm，常四棱形，棱上具狭翅；被丝托长3~5mm，具4棱，棱上有狭翅，顶端增宽而呈垂直的长方形萼片，萼片背部具刺状尖头，有时边缘微羽状分裂；花瓣紫红色至粉红色，宽卵形，略偏斜，长3~4mm，顶端急尖；雄蕊内向，花药黄色，近顶孔开裂，药隔基部伸延成短距，距上弯，长为药室的1/2左右；子房坛状，顶端具膜质冠，冠檐具波状齿。

果 蒴果通常白绿色，杯形，具4棱，膜质冠伸出被丝托；宿存被丝托与花时无异。

引种栽培信息

庐山植物园 引种信息缺失。栽培区域：岩石园、草花区、乡土灌木园；栽培环境：林下阴湿的水沟旁边。生长状况：良好，能开花结果。适宜生长环境：沟边阴处湿润、土壤肥沃的环境。

华南植物园 自海南鹦哥岭引种苗（登录号20052074）。

昆明植物园 有引种，但引种信息缺失。

物候

庐山植物园 5月上旬开始展叶、5月中旬进入展叶盛期；6月上旬始花，7月中旬盛花，下旬末花；9月下旬果实成熟；10月中旬落叶，10月底全部落叶。

华南植物园 花期5~7月，果期10~12月。

迁地栽培要点

耐阴而不耐寒的、观赏价值极高的园林植物，是理想的地被植物。具有花期长的优点。栽培时最好利用雨后进行移植，因为东方肉穗草植株纤弱，系浅根性植物，横茎走向，移植要点随移随栽，时间越短，成活率越高，栽植后要浇透水。

病虫害

暂未发现病虫害。

主要用途

由于花色美丽适宜在园林运用,为优良观花植物。全株药用,有清肺热、治肝炎、明目等功能。

花序　植株

叶背　叶面

34
楮头红

别名： 尼泊尔肉穗草

Sarcopyramis napalensis Wall., Tent. Fl. Napal. 1: 32, pl. 23. 1824.

自然分布

西藏、云南、四川、贵州、湖北、湖南、广西、广东、江西、福建、浙江。不丹、印度、印度尼西亚、尼泊尔、菲律宾、泰国、缅甸至马来西亚等。生于海拔1300~3200m的密林下阴湿的地方或溪边。

迁地栽培形态特征

直立草本，高10~30cm。

🌱 四棱形，肉质，无毛，上部分枝。

🍃 膜质，广卵形或卵形，稀近披针形，顶端渐尖，基部楔形或近圆形，微下延，长（2~）5~10cm，宽（1~）2.5~4.5cm，边缘具细锯齿，叶面被疏糙伏毛，背面被微柔毛或几无毛；3~5基出脉，叶面基出脉微凹，侧脉微隆起，背面基出脉、侧脉隆起；叶柄长（0.8~）1.2~2.8cm，具狭翅。

🌸 聚伞花序，生于分枝顶端，有花1~3朵，基部具2枚叶状苞片；苞片卵形，近无柄；花梗长

2～6mm，四棱形，棱上具狭翅；被丝托长约5mm，四棱形，棱上有狭翅，萼片顶端平截，具流苏状长缘毛膜质的盘；花瓣粉红色，倒卵形，顶端平截，偏斜，另一侧具小尖头，长约7mm；雄蕊等长，花丝向下渐宽，花药长为花丝的1/2，药隔基部下延成极短的距或微突起，距长为药室长的1/4～1/3，上弯；子房顶端具膜质冠，冠缘浅波状，微4裂。

果 蒴果杯形，具4棱，膜质冠伸出被丝托；宿存被丝托及萼片与花时同。

引种信息

华南植物园 自云南屏边苗族自治县引种（登录号20131703）。

物候

华南植物园 花期8～10月，果期9～12月。

主要用途

全草入药，有清肝明目的作用，治耳鸣及目雾等症或祛肝火。植株矮小，花色美，适合作为地被植物。

叶面、果实　植株

蜂斗草属

Sonerila Roxb., Fl. Ind., ed. 1820. 1: 180. 1820.

草本至小灌木，常分枝；茎常四棱形，具明显的翅或翅不明显，幼时常被毛或腺毛。叶片薄，具细锯齿，齿尖常有刺毛，羽状脉或掌状脉，基部常偏斜；具叶柄，柄具翅或无，常被毛。蝎尾状聚伞花序或几呈伞形花序，顶生或生于分枝顶端，有时腋生，通常总梗在2cm以上；苞片小，早落；花小，3数或6数（我国不产），被丝托钟状管形，具3棱，有纵脉6条，常被疏腺毛，萼片小，常广三角形，极短；花瓣通常为粉红色、红色或紫红色，长圆状椭圆形，外面中脉（或脊上）上具1行疏腺毛；雄蕊3或6（我国不产），等长或不等长，花丝丝状，花药钻形或广卵形，顶孔开裂，基部无瘤，药隔通常不膨大，不下延；子房下位，坛形，顶端具膜质冠，冠3或6裂，通常无毛，具3或6隔片；花柱丝状，略短于雄蕊，柱头点尖。蒴果倒圆锥形或杯状圆锥形，膜质冠较宿存被丝托略长，木质化，3或6（我国不产）纵裂，与宿存被丝托同型；宿存被丝托具三棱或六棱，具6或12条纵脉，常被极疏的腺毛；种子小，多数，楔形，通常表面光滑或具小突起。

约150种，分布于亚洲热带地区。我国有6种，分布于云南、广西、广东、江西、福建等省区。

本属有些种类可供药用。

35 蜂斗草

别名： 四大天王、桑勒草、尖尾痧、喉痧药

Sonerila cantonensis Stapf, Ann. Bot. (Oxford) 6 (23) : 302-303. 1892.

花（徐晔春 摄）

自然分布

云南、广西、广东、福建。越南。生于海拔1000~1500m的山谷、山坡密林下，阴湿的地方或有时见于荒地上。

迁地栽培形态特征

草本或亚灌木，高（10~）20~50cm。

🌱 钝四棱形，幼时被平展的长粗毛及微柔毛，以后无毛而常具皮孔，具分枝，有时具匍匐茎。

🍃 纸质或近膜质，卵形或椭圆状卵形，顶端短渐尖或急尖，基部楔形或钝，有时微偏斜，长3~5.5（~13）cm，宽1.8~6cm，边缘具细锯齿，齿尖具刺毛，叶面无毛或被星散的紧贴短刺毛，背面有时紫红色，仅脉上被粗毛；叶面中脉微凹，背面叶脉隆起，侧脉通常两对，其中1对基出；叶柄长5~18mm，密被长粗毛及柔毛。

🌸 蝎尾状聚伞花序或二歧聚伞花序，顶生，有花3~7朵；总梗长1.5~3cm，被微柔毛及疏腺毛；苞片极小，早落；花梗长1~3mm，略三棱形；被丝托钟状管形，长5~7mm，被微柔毛及疏腺毛，略

具三棱，具6脉，萼片短，广三角形，长不到1mm，顶端急尖；花瓣粉红色或浅玫瑰红色，长圆形，长5~10mm，顶端急尖，外面中脉具星散的腺毛；雄蕊3，等长，常偏向一侧，花丝长约7mm，花药长约8mm，基部略尖，微叉开，药隔不延长；子房瓶形，顶端具膜质冠，具3个缺刻。

果 蒴果倒圆锥形，略具三棱，长5~7mm，直径4~5mm，3纵裂，与宿存被丝托贴生；宿存被丝托无毛，具6脉。

引种信息

华南植物园 自广东信宜市大雾岭引种苗（登录号20031251）；四川、云南引种苗（登录号20043632）；广西防城港市上思县十万大山森林公园引种苗（登录号20051094）。

物候

华南植物园 花期9~10月，果期12月至翌年2月。

迁地栽培要点

阴湿处或林下种植。

主要用途

全株药用，通经活血，治跌打、瘀膜。地被，观赏。

果实（徐晔春 摄）

植株（徐晔春 摄）

蒂牡花属

Tibouchina Aubl., Hist. Pl. Guiane 1: 445–446, pl. 177. 1775.pl. 23. 1824.

灌木或草本，稀为乔木。枝条微四棱柱形。叶对生；叶柄短，叶片被毛，边缘全缘，具基出脉3、5或7条。花5基数，少花，排成顶生的圆锥花序或总状花序，或单花生于上部叶腋，被两个总苞片所包；被丝托圆筒形、杯形或坛状；萼片宿存或脱落；花瓣5，倒卵形；雄蕊10，花药异型或同型，无毛，顶孔开裂，药隔在药室以下延伸，腹面2裂，背面无附属物；子房5室，与被丝托分离，顶端被毛，花柱无毛，柱头不扩大。果为蒴果。种子多数，螺旋形，表面具小瘤。

约350多种，主产美洲热带。

蒂牡花属分种检索表

1a. 花大，直径6 cm以上。
 2a. 花丝被多数紫色茸毛 ·················· 36. 角茎野牡丹 *T. granulosa*
 2b. 花丝微被茸毛或无。
  3a. 叶上面密被短硬毛，毛的2/3以下隐藏于表皮下，仅尖端露出，背面密被糙伏毛 ·················· 38. 巴西野牡丹 *T. semidecandra*
  3b. 叶上面及背面密被绒毛 ·················· 39. 蒂牡花 *T. urvilleana*
1b. 花较小，直径2~3 cm ·················· 37. 银毛野牡丹 *T. heteromalla*

36 角茎野牡丹

Tibouchina granulosa (Desr.) Cogn., Fl. Bras. 14 (3) : 340. 1885.

植株

自然分布

南美洲巴西和玻利维亚。近年已在广州等地引种成功。

迁地栽培形态特征

常绿灌木或小乔木，乔木型树高可达3~4m，树冠广卵型或伞型。

🌿 茎 四棱，具狭翅，分枝多。

🍃 叶 对生，纸质，卵形、卵状披针形或椭圆形，长7~9.5cm、宽2.8~3.6cm，基部楔形或近圆形，全缘，叶面翠绿色，被糙伏毛，背面密被长柔毛及微柔毛；5基出脉；叶柄长1~3cm，密被长柔毛。

🌸 花 聚伞花序顶生，花径9.5~10.2cm；花瓣5，镊合状排列，紫红色；萼片5，1.2cm×0.6cm，上面紫红色，被紫红色茸毛；雄蕊10个，5长5短，长花丝紫色，长1.8~2.0cm，短花丝，长1.0~1.2cm，均被长1~2mm长的紫色腺毛，腺毛顶端黄色，略膨大，花药披针形，弯曲，基部无瘤，药隔基部伸长，呈柄状，弯曲，末端2裂；单雌蕊，长约2.5cm，花柱下部被长0.8~1.6mm的茸毛，下位子房，由5心皮构成的特立中央台座。

🍏 蒴果坛状，直径0.8~1.0cm，内含种子多数。种子蜗形，长0.7~0.9mm，宽0.4~0.5mm，表面密被瘤状小突起。

引种信息

华南植物园　自广州市园林科研所购买苗（登录号20135158）。

西双版纳热带植物园　自泰国曼谷花卉市场引种苗5棵（引种号3820080723）。

仙湖植物园　有引种，但引种信息缺失。定植于古生物博物馆旁山坡上，生长良好。

物候

华南植物园　花期2~12月，盛花期4~10月，果期4~12月。

迁地栽培要点

角茎野牡丹性喜排水良好的偏酸性土壤；在阳光充足、温暖、湿润、肥沃的环境条件下枝叶繁茂、花多、色彩鲜艳。一般采用扦插繁殖或者组织培养。病虫害较少，组培苗容易发生立枯病和茎基腐病，虫害主要有发生在春季的蚜虫危害和夏秋蛴螬、毒蛾幼虫的危害。

中国迁地栽培植物志·野牡丹科·蒂牡花属

主要用途

角茎野牡丹株形可塑，叶子美观、叶繁花茂，为少见的浓艳的紫色花植物。适合用于片植、丛植、群植，或零星栽植，或做花篱、草坪点缀等，构建出平面式或立体式的园林造型。还可在空旷地、林间小路、人工坡地以及池塘边、湖边等地种植，形成别具野趣的景观效果。

37 银毛野牡丹

Tibouchina heteromalla (D. Don) Cogn., Fl. Bras. 14 (3) : 336–337. 1885.

花序

自然分布

中美洲至南美洲。

迁地栽培形态特征

直立多分枝灌木，高约1m，多年生可长至1.8m。

🌿 嫩茎四棱形，老枝近圆柱形。

🍃 对生，革质，卵形，长10~15cm，宽8~10cm，先端急尖，基部浅心形，鲜绿色，两面均密被白色绵毛状绒毛，全缘；5~7基出脉。

🌸 圆锥花序顶生，长30~40cm，花多而密；花瓣5，平滑，紫色，倒卵形，长1.5cm；雄蕊10枚。

🍎 蒴果卵球状，长约1cm，内含纤细肾形种子。

引种信息

西双版纳热带植物园 自福建厦门植物园引种苗4株（引种号0020040613）。

华南植物园 登录号xx271122、xx990013，引种信息缺失。

广西药用植物园 自深圳市仙湖植物园引种苗（登录号20040916）。

厦门植物园、仙湖植物园 有引种，但引种信息缺失。

物候

西双版纳热带植物园 5～10月均可见花。

华南植物园 花期5～7月，未见有果。

迁地栽培要点

定植在西双版纳热带植物园百花园光线非常强烈的地方，生长良好，花多色艳，叶片暗绿色，上披银白色的毛，非常漂亮。灌木，株形比较开展，管理较粗放，花期过后需要修剪，其他不需要过多管理。适应性好，未发生严重病虫害。繁殖用扦插繁殖，较易生根成活。

主要用途

理想的园林景观植物，叶片宽大，两面具绒毛，绒毛具天鹅绒般光泽，花期从仲夏至初冬持续不断。无论是株形，还是叶片和花朵，都极具观赏性，可孤植或片植，或丛植布置花境。

植株　花　老茎　嫩茎　叶背　叶面

38 巴西野牡丹

别名: 紫花野牡丹、艳紫野牡丹

Tibouchina semidecandra D. (Mart.& Schrank ex DC.) Cogn., Fl. Bras. 14 (3) : 309–310. 1885.

花序

自然分布

巴西。生于低海拔山区及平地。

迁地栽培形态特征

常绿灌木或小乔木,高达3m左右。

🌿 枝条交互对生,银褐色;嫩枝四棱形,红褐色,皮粗糙,具褐色短刚毛,节间长1~6cm,节上具褐色短毛。

🍃 厚纸质或近革质,长椭圆形或披针形,长4.5~6cm,宽0.9~1.7cm,先端钝,基部楔形或近圆形,上面密被短硬毛,毛的2/3以下隐藏于表皮下,仅尖端露出,露出部分长0.3~0.4mm,下面密被糙伏毛,先端渐尖,基部楔形;基生5出脉;叶柄长0.7~1cm,密被紧贴的糙伏毛。

🌸 总状花序顶生,花序长8~12cm,花序梗、花序轴和花梗均近四棱柱形,密被糙伏毛,花在花序轴上对生;花梗长约6mm,淡红褐色;被丝托坛状,长7~8mm,直径5~6mm,红褐色,密被茸毛,在基部缢缩成长约2mm的短柄;萼片与被丝托同色,狭长圆形,长6~7mm,外面密被糙伏毛,内面无毛，边具缘毛；花瓣5，深蓝紫色，倒卵形，长约3.5cm，宽约2.5cm，基部渐狭，先端截形；雄蕊10，白色，5长5短，长的雄蕊长约3.5cm，短的雄蕊长约2cm，花丝初白色，后变紫色，幼时疏被腺毛，花药内折，线状圆柱形，长约1.2cm，先端喙状，药隔基部弯曲并延伸成长柄，柄长约7mm，基部具2小瘤；子房密被茸毛，花柱弯曲，长约2.5cm。

果 蒴果近球形，直径约1cm，上部密被糙伏毛，顶端截平，密被直立的刚毛，包被于宿存的被丝托内；种子蜗形或马蹄形，长0.6～0.7mm，宽0.3～0.4mm，表面密布瘤状小突起。

引种信息

桂林植物园 自广西桂林市尧山花卉基地引种苗（登录号323）。株高100cm，地径1cm左右，到2015年8月，株高3m左右，地径粗5cm左右。

昆明植物园 露地栽培在蔷薇区的溪流边坡，在-5℃低温情况下，发生四级冻害，地上部分冻死，春季气温回暖后从基部萌发新梢；-1℃时顶部嫩梢受冻害。

华南植物园 自福建厦门植物园引种苗（登录号20050419）。自广东广州市引种苗（登录号20081642），广州市陈村引种苗（登录号20082421）。

西双版纳热带植物园 自云南景洪市引种苗50株（引种号0020140286）。

仙湖植物园 有引种，但引种信息缺失。定植于园内龙尊塔下路旁、紫薇园等处，用于园林绿化，生长良好。

厦门植物园 有引种，但引种信息缺失。

植株

物候

桂林植物园 叶芽膨大期1月中下旬，展叶始期2月中旬，展叶盛期2月底，开花始期3月上旬，盛期4月初，末期4月底至5月初，幼果初现期4月底，生理落果4月底至5月初，果实成熟期5月底至6月初，果实脱落5月底，第二次开花期8月上旬，多次结果期10月中旬。

昆明植物园 3月2日叶芽开始膨大，3月10日进入叶芽膨大期，4月2日进入展叶盛期；始花期为9月25日为始花期，10月15日进入开花盛期；花末期为11月29日。果实不能成熟，12月22日全部脱落。

华南植物园 单朵花开4～7天，8～11月盛花期，花期几乎全年。

西双版纳热带植物园 终年均可见花果，冬季有换叶现象。

仙湖植物园 全年均可见花果。

迁地栽培要点

巴西野牡丹适合于微酸性土壤生长，pH 5.5～6.5，属于阳性植物，性喜高温，极耐寒，对温度的适应范围广。喜温暖湿润的气候，耐旱，稍耐瘠；主要的繁殖方法是采用扦插繁殖。以生长健壮的顶芽扦插于苗床之中，春秋两季均可进行，春季扦插效果最好，成活率最高可达80%～90%。插床可选用微酸性红壤或河沙，从扦插开始一个月之内，每天都要灌水两三次，确保根系吸水。同时，使用小拱棚对其进行保护，用遮阳网遮挡阳光，提高小环境内的空气湿度，以确保扦插成活率。水肥的管理：春、夏季各追施氮肥1次或叶面喷洒0.4%的磷酸二氢钾2～3次，冬季追施有机肥或复合肥一次，复合肥一般每亩（约666.67m2）用量在10kg左右，即可保证其正常开花。施磷酸二氢钾可使花开得更多、色彩更艳丽。

病虫害防治：抗逆性强，较少感染病害，因此在生长期，每月喷洒一次杀菌剂即可对病害起到预防作用。虫害主要是蝗虫类咬食叶片，导致叶片呈不规则孔状萼片。用一般的杀虫剂氧化乐果、敌敌畏即可消灭。

主要用途

巴西野牡丹在我国是应用最广泛的野牡丹科绿化树种。其树形优美，耐修剪，花多美丽，且花期较长，一年四季花开不断，在华南地区应用广泛，是庭院、公园等绿化美化的优良种类。可孤植或片植，或丛植布置园林。其根、果实可药用，用于消积利湿、清热解毒等。

果实

花

叶面

茎

叶背特写

果实

果实特写

种子

39 蒂牡花

别名： 蒂牡丹、翠蓝木

Tibouchina urvilleana (DC.) Cogn., Fl. Bras. 14 (3) : 358, pl. 84, f. 2. 1885.

花

自然分布

巴西。我国台湾等地2001年前后引种归化。

迁地栽培形态特征

🌿 嫩茎枝呈钝四棱形，老茎枝及老干或近圆形，株高可达1.5~3m，茎及叶柄密被紧贴的鳞片状糙伏毛。

🍃 对生，厚纸质或近革质，长卵形，长5~12cm，宽2~3cm，先端渐尖，基部近圆形，两面密被绒毛；基生5出脉。

🌸 聚伞花序，顶生，花瓣5，花初开时紫红色，近凋谢时成为深紫色，有深红色放射斑条纹；雄蕊紫红色，花丝上段呈弯钩状。

🍑 蒴果呈坛状球形，与宿存被丝托贴生，长约1cm，直径约0.8cm，密被鳞片状糙伏毛。

引种信息

华南植物园 自广东广州市陈村引种苗（登录号20082423）。

中国迁地栽培植物志·野牡丹科·蒂牡花属

西双版纳热带植物园 自福建厦门植物园引种苗4株（引种号0020040613）。
仙湖植物园、厦门植物园 有引种，但引种信息缺失。

物候

华南植物园 花期几乎全年，盛花期4~10月，果未见。
西双版纳热带植物园 5~10月均可见花。

主要用途

蒂牡花可作为景观植栽，包括景观花园、绿篱等。全株可入药，具清热、解毒、消炎止血、消积利湿、消食止痢功效，根及种子亦可作为中药材。嫩叶、花及果实可以食用，可作为野外求生植物。

植株　小枝　花序　叶背　叶面　果实　茎

虎颜花属

Tigridiopalma C. Chen, Act. Bot. Yunnan. 1（2）: 107–108. 1979.

草本，茎及叶通常被毛，具匍匐茎，基部略木质化，直立茎极短。叶片通常膜质，边缘具细齿，基出脉9，侧脉互相平行，与基出脉垂直；具叶柄。蝎尾状聚伞花序腋生，具长总花梗（即花葶）；花5枚，被丝托漏斗形，具5棱，棱上常具狭翅，顶端平截，萼片短，具点尖；花瓣通常为倒卵形，一侧偏斜，顶端点尖；雄蕊10，同型，5长5短，弯曲；花丝丝状；花药线形，单孔开裂，药隔微膨大，长者药隔下延成短柄，末端前方具2小瘤，后方微隆起；短者花药基部具2小瘤，药隔下延成短距；子房卵形，上位，顶端具膜质冠，通常5裂，胚珠多数，呈纵向5束排列，特立中央胎座。蒴果漏斗状杯形，顶端平截，5裂，冠木质化，伸出宿存被丝托外；宿存被丝托与果同形，具5棱，棱上具翅；种子小，楔形，密布小突起。

为我国特有属，1种，分布于广东南部。

40 虎颜花

别名: 大莲蓬、熊掌

Tigridiopalma magnifica C. Chen, Act. Bot. Yunnan. 1 (2) : 107-108. 1979.

花

自然分布

广东特有种,产广东西南部。生于密林、山谷、溪边、岩石裂缝等的阴湿处。

迁地栽培形态特征

草本。

🌿 茎 极短,被红色粗硬毛,略木质化。

🍃 叶 近基生,半膜质,心形,长、宽均20~30cm或更大,顶端近圆形,基部心形,边缘具不整齐的啮蚀状细齿,具缘毛,叶面无毛,背面密被糠秕;9基出脉,背面凸起,脉上被红色长柔毛及微柔毛;叶柄圆柱形,近肉质,长10~17cm或更长,被红色粗硬毛,上面具槽。

🌸 花 蝎尾状聚伞花序,腋生;总花梗长24~30cm,无毛,具钝4棱;基部苞片极小,早落;花梗具棱,棱上具狭翅,多少被糠秕,有时具节;被丝托漏斗形,无毛,具4~5棱,棱上具披针状狭翅,顶端截平,萼片极短;花瓣暗红色,宽斜倒卵形或几菱形,长约10mm,顶端平,下面偏斜;长雄蕊长约

18mm，花药长约11mm，药隔下延成长约1mm的短柄，柄基部前方具2小瘤，后方具三角形短距，短雄蕊长约13mm，花药长约7mm，基部具2小疣，药隔下延成短距；子房卵形，顶端具膜质冠状物，5裂，萼片边缘具缘毛。

🟢 果 蒴果漏斗状杯形，顶端截平，孔裂，膜质冠木栓化，5裂，边缘具不规则的细齿，伸出宿存被丝托外；宿存被丝托杯形，具5棱，棱上具狭翅；果梗五棱形，具狭翅，无毛。

引种信息

华南植物园 自海南引种苗（登录号20011974）；澳大利亚（登录号20012144）；广东阳春市永宁镇勒朗村后山（登录号20053446）；广东广州市（登录号20081644）。

西双版纳热带植物园 自广东深圳市引种种子多粒（引种号0020032001）。

仙湖植物园 有引种，但引种信息缺失。

物候

仙湖植物园 10月初现花蕾，11月初开花，花期11月至翌年2月，传粉昆虫为无垫蜂，次年1月始结果，果期3~5月。

华南植物园 新叶3~4月，花期约11月，果期3~5月。

迁地栽培要点

虎颜花不耐干旱，对水分的要求比较高，生长季节要保持较高的空气湿度，但要避免积水，否则会引起烂根。种子繁殖，光照是种子萌发的必要条件，但种子贮藏1年以上，萌发率和萌发速率会显著下降。虎颜花在生长季节，特别是夏季高温多雨时，极易发生根腐病与茎腐病。虫害主要有叶甲、夜蛾、灯蛾、蜗牛、蛞蝓等，易将叶片吞噬成空洞。

研究概述

虎颜花是我国特有种，广东省特有种。在《中国生物多样性红色名录——高等植物卷》（2013）中被评估为濒危（EN），被收录于2018年发布的《广东省重点保护野生植物名录（第一批）》。该种是野牡丹科受威胁物种中，研究工作开展较为充分的唯一物种，其就地保护和迁地保护，野外回归等工作均有开展。

李龙娜等（2009）对虎颜花进行了资源调查，共发现11个分布点，均位于广东省境内的云开大山和云雾山脉。随后该研究团队开展了虎颜花种子的无菌播种和试管育苗，并运用生态恢复技术，在自然保护区及原生地等分别回归1000多株试管苗，存活状况良好。

主要用途

该种观赏价值较高，叶片硕大，叶形美观，耐阴性强，花蕾小巧玲珑、鲜艳水灵，可作为高档观叶植物用于室内、庭院及风景林下观赏。室内观赏可用来点缀客厅、会议室、卧室、阳台、橱窗等；庭院栽培时常用于荫蔽处栽培或盆栽于画廊下摆设。

中国迁地栽培植物志·野牡丹科·虎颜花属

134

参考文献
References

蔡坤秀，陈振东，林秀香，等，2010. 叶底红叶片外植体消毒方法的筛选[J]. 热带农业科学，30(01)：1-2.
曹瑜，彭重华，2010. 湖南省野牡丹科野生观赏植物初步研究[J]. 湖南林业科技，37(01)：30-33.
常章富，吴嘉瑞，滕云霞，等，2008. 中国野牡丹科药用植物性能主治的研究[J]. 中国中药杂志，33(7)：854-859.
陈刚，王瑛华，金红，2017. 白花野牡丹的组织培养及植株再生[J]. 北方园艺，(11)：119-124.
陈冠，崔承彬，蔡兵，等，2006. 野牡丹科十属植物研究进展[J]. 天然产物研究与开发，(05)：863-872.
陈红锋，邢福武，刘东明，等，2003. 广东省野牡丹科药用植物资源[J]. 中药材，(05)：321-323.
陈华栋，2009. 楮头红保肝降酶药效物质研究[D]. 武汉：华中科技大学.
陈惠玲，1997. 室内花卉新秀——珍珠宝莲[J]. 花木盆景(花卉园艺)，02：7.
陈介，1983. 中国野牡丹科野牡丹属植物的研究[J]. 华南农学院学报，(01)：31-36.
陈介，1989. 野牡丹科植物与蜂类某些类群的进化关系初探[J]. 植物学通报，(02)：81-85.
陈介，张宏达，缪汝槐，等，1984. 中国植物志[M]. 北京：科学出版社，53(1)：135-293.
陈进燎，兰思仁，吴沙沙，等，2013. 6种野牡丹属植物叶片表面特征及其分类学意义研究[J]. 福建林学院学报，33(02)：106-112.
程森，孟令杰，周兴栋，等，2014. 地稔中黄酮及其苷类化学成分研究[J]. 中国中药杂志，39(17)：3301-3305.
代色平，刘连海，刘慧，等，2012. 广东省野牡丹科植物资源调查与评价[J]. 福建林业科技，39(04)：121-126.
代色平，刘连海，吴伟，2013. 几种野牡丹属植物系统发育关系的初步研究[J]. 林业与环境科学，29(4)：7-10.
戴小红，孙伟生，贺军军，等，2014. 我国野牡丹属植物的表型多样性研究[J]. 热带作物学报，35(10)：2036-2042.
戴小英，温强，周莉荫，等，2004. 铺地锦组培快速繁殖研究[J]. 江西林业科技，(04)：22-23.
董祖林，高泽正，林志坚，等，2015. 园林植物病虫害识别与防治[M]. 北京：中国建筑工业出版社：1-180.
范建红，冯志坚，向春玲，2002. 广东野牡丹科野生观赏植物资源[J]. 中国野生植物资源，(04)：19-21.
冯志坚，吴志敏，李镇魁，1994. 广东野牡丹科新种和分布新记录[J]. 华南农业大学学报，15(4)：75-76.
宫晶梅，毛焕仁，1997. 多花野牡丹治疗宫颈糜烂[J]. 长春中医学院学报，(03)：57.
谷卫彬，管益强，1999. 新颖别致的盆花——粉苞酸脚杆[J]. 中国花卉盆景，02：6.
洪震，朱乐杰，傅晓强，等，2015. 秀丽野海棠叶片不定芽高频再生体系的建立[J]. 植物生理学报，51(02)：241-245.
胡松梅，蒋道松，龚泽修，2007. 野牡丹属植物研究进展[J]. 现代园艺，(05)：3-6.
胡松梅，禹华芳，龚泽修，等，2009. 朝天罐的离体培养与植株再生[J]. 核农学报，23(04)：626-630.
黄晖，2012. 细叶野牡丹再生与快繁体系建立研究[D]. 福州：福建农林大学.
江碧玉，蒋建友，夏智，等，2010. 角茎野牡丹快速繁殖的研究[J]. 广东园林，32(05)：67-69.
金红，焦根林，陈刚，2015. 白花野牡丹的开花进程、花部形态特征及访花昆虫观察[J]. 植物资源与环境学报，24(02)：73-79.

金红, 焦根林, 陈刚, 2016. 白花野牡丹的繁育系统研究[J]. 福建林业科技, 43(02): 166-170.

金红, 焦根林, 傅晓平, 等, 2012. 广东大雾岭自然保护区野牡丹科植物资源调查与鉴定研究[J]. 中国野生植物资源, 31(05): 57-60.

赖菊云, 2011. 闽南地区野牡丹属植物资源的开发及园林应用初探[J]. 农业科技与信息(现代园林), (04): 64-68.

李锋, 2008. 桂林植物园栽培植物名录[M]. 南宁: 广西科学技术出版社: 73.

李丽, 周芳, 2011. 地菍提取物对高血糖模型小鼠血糖的影响[J]. 中国实验方剂学杂志, 17(20): 187-189.

李龙娜, 陈永聚, 曾宋君, 等, 2009. 虎颜花的资源调查及濒危原因初步分析[J]. 广东园林, 31(04): 12-15.

李龙娜, 曾宋君, 吴坤林, 等, 2006. 虎颜花的无菌播种和试管育苗[J]. 植物生理学通讯, (06): 1135.

李沛利, 高源, 刘丹, 等, 2017. 四川省成都市巴西野牡丹炭疽病病原菌的初步鉴定[J]. 四川农业大学学报, 35 (4): 529-534.

李协和, 2009. 年花新秀——巴西野牡丹[J]. 花卉, (7): 17.

李云浩, 2014. 巴西野牡丹和角茎野牡丹咋区别?[J]. 花卉, (6): 51.

林骏烈, 雷蓓, 陈玉琳, 等, 2009. 秀丽野海棠的组织培养与快速繁殖[J]. 植物生理学通讯, 45(02): 159-160.

林沁文, 2015. 福建蜂斗草属(野牡丹科)一新种[J]. 植物研究, 35(06): 803-806.

林秋金, 林秀香, 苏金强, 等, 2010. 16种野牡丹科植物观赏性及适应性综合评价[J]. 西南林学院学报, 30(05): 33-37.

林秀香, 2009. 细叶野牡丹扦插繁殖技术研究[J]. 西南林学院学报, 01: 42-44.

林秀香, 苏金强, 黄阿凤, 等, 2003. 福建野牡丹科植物资源初步调查及评价[J]. 福建热作科技, (04): 17-19.

林有润, 1996. 广东、海南两省樟科、野牡丹科及菊科的系统演化与区系地理的热带亲缘[J]. 植物研究, (03): 250-272.

林有润, 熊星, 2007. 广东植物志: 第8卷[M]. 广州: 广东科技出版社: 9-42[问作者: 此书作者为中国科学院华南植物园, 请查证或解释是否为书中析出的文献。].

林云甲, 2008. 新潮盆栽花卉——宝莲花[J]. 农村百事通, 19: 30.

刘慧, 2012. 华南树种新秀——角茎野牡丹[J]. 花木盆景(花卉园艺), 04: 14-15.

刘慧, 符健, 2008. 野牡丹的研究进展[J]. 中医药导报, 14(12): 90-91.

刘连芬, 钱关泽, 王文省, 等, 2007. 肥肉草的组织培养和快速繁殖[J]. 植物生理学通讯, (02): 305-306.

刘棠瑞, 廖日京, 1981. 树木学(下)[M]. 台北: 台湾商务印书馆: 697.

刘雪凝, 屈平, 2012. 5种野牡丹属植物花粉形态研究[J]. 河北农业大学学报, 35(05): 63-66.

路国辉, 武文华, 王瑞珍, 2009. 野牡丹异型雄蕊的功能分化[J]. 生物多样性, 17(2): 174-181.

陆璃, 阮琳, 叶振华, 等, 2012. 角茎野牡丹的生物学特性和种植技术要点[J]. 热带农业工程, 02: 32-35.

罗中莱, 张奠湘, 2006. 野牡丹异型雄蕊在传粉中功能的定量研究[C]//中国植物学会系统与进化专业委员会. 全国系统与进化植物学研讨会暨第九届系统与进化植物学青年研讨会论文摘要集. 北京: 中国植物学会系统与进化专业委员会.

罗中莱, 张奠湘, 2005. 异型雄蕊的研究进展[J]. 热带亚热带植物学报, (06): 84-90.

马国华, 林有润, 简曙光, 等, 2000. 野牡丹和地稔的组织培养及植株再生[J]. 植物生理学通讯, 36(3): 233-234.

马国华, 张静峰, 刘念, 等, 2004. 从多花野牡丹和野牡丹花柄直接诱导出芽[J]. 植物生理学通讯, (06): 719.

宁小清, 刘寿养, 2010. 广西野牡丹科一新种, 大明山异药花[J]. 广西植物, 30(06): 825-826.

彭东辉, 张启翔, 黄启堂, 2008. 多花野牡丹传粉生物学观察[J]. 森林与环境学报, 28(2): 115-120.

覃海宁, 刘演, 2010. 广西植物名录[M]. 南宁: 广西科学技术出版社: 142.

苏金强, 郑涛, 余智城, 等, 2011. 野牡丹科、金粟兰科野生花卉抗旱性分析[J]. 西南林业大学学报, 31(04): 35-37+43.

唐艳, 汪卫星, 郭启高, 等, 2010. 展毛野牡丹组培快繁技术的研究[J]. 山西农业大学学报(自然科学版), 30(02): 122-124.

王国栋, 2010. 深圳植物志: 第2卷[M]. 北京: 中国林业出版社: 435-446.

王瑞江, 1998. 广东和海南地区的中国种子特有属植物[C]//中国科学院生物多样性委员会, 国家环境保护总局自然生态保护司, 国家林业局野生动植物保护司. 面向21世纪的中国生物多样性保护——第三届全国生物多样性保护与持续利用研讨会论文集：212-225.

王意成，2015. 巴西野牡丹[J]. 花木盆景(花卉园艺)，(10)：26.

王院生，2014. 鸭脚茶的特征特性及繁殖技术[J]. 现代农业科技，12：178.

伍成厚，2007. 印度野牡丹的愈伤组织诱导及植株再生研究[C]//中国园艺学会观赏园艺专业委员会，国家花卉工程技术研究中心. 北京：2007年中国园艺学会观赏园艺专业委员会年会论文集：288-290.

伍成厚，2015. 毛蕊的繁育技术[J]. 花卉，07：6.

吴福川，2013. 优良观花地被植物——蔓性野牡丹[J]. 中国花卉园艺，(16)：59.

夏俊，2014. 新优多花花灌木巴西野牡丹[J]. 福建热作科技，(4)：48-49.

肖晓蓬，2008. 多花野牡丹离体培养与再生体系的建立[D]. 福州：福建农林大学.

杨利平，刘桂芳，刘雪凝，2012. 细叶野牡丹的组培快繁[J]. 东北林业大学学报，40(09)：25-27.

杨向娜，曹翠玲，金红，等，2016. 白花野牡丹种子萌发因素初探[J]. 河南农业大学学报，50(04)：473-478.

姚亮亮，刘新亚，2010. 野牡丹属植物的化学成分、药理活性及临床应用研究概况[J]. 江西中医学院学报，22(06)：52-55.

尹俊梅，王祝年，杨光穗，等，2006. 海南野牡丹科野生观赏植物种质资源及其开发利用[J]. 热带农业科学，26(6)：63-66.

余智城，陈振东，林秋金，等，2010. 5种野牡丹科植物的耐荫性研究[J]. 福建农业学报，25(05)：610-613.

张晨曦，2006. 似莲如灯的宝莲花[N]. 福建科技报，03-24010.

张圣显，2011. 野牡丹之栽培与利用[J]. 花莲区农业专讯，(77)：9-12.

张绪璋，周以飞，潘大仁，2008. 肉穗草组织培养与扩繁研究[J]. 中国农学通报，(06)：48-51.

赵彦杰，2006. 珍稀观赏植物虎颜花的特性与栽培管理[J]. 林业实用技术，(4)：43-44.

赵友兴，杨丹，马青云，等，2011. 金锦香的化学成分研究[J]. 中草药，(06)：28-32.

郑涛，陈振东，林秀香，等，2010. 野牡丹科、金粟兰科野生花卉抗寒性研究[J]. 西南林学院学报，30(01)：29-33.

周仕顺，王洪，2005. 海南植物新记录[J]. 热带亚热带植物学报，13(1)：78-79.

周以飞，潘大仁，张绪璋，等，2005. 肉穗草的组织培养与快速繁殖[J]. 植物生理学通讯，(03)：346.

朱纯，2009. 广东野牡丹科植物开发与应用[M]. 贵阳：贵州科技出版社.

朱纯，陈妙贤，彭狄周，等，2006. 10种野牡丹科植物引种栽培及应用研究[J]. 中国野生植物资源，25(04)：64-67.

朱纯，代色平，2008. 广东野生观赏植物资源开发利用的综合评价[J]. 广东园林，(04)：9-13.

CHEN J, Renner S. S, 2007. Flora of China[M]. Beijing: Science Press, Vol. 13: 360-399.

CHONG K Y, TAN H T W, CORLETT R T, 2009. A checklist of the total vascular plant flora of Singapore: native, naturalised and cultivated species[J]. Raffles Museum of Biodiversity Research, National University of Singapore:273.

DAEHLER C C, BAKER R F, 2006. New records of naturalized and naturalizing plants around Lyon Arboretum, Mānoa Valley, O'ahu. In: Evenhuis, Neal L. and Eldredge, Lucius G., eds[J]. Records of the Hawaii Biological Survey for 2004-2005. Part 1: Articles. Bishop Museum Occasional Papers, 87:3-18.

DAVIDSE G, SOUSA M S, KNAPP S, et al, 2009. Cucurbitaceae a Polemoniaceae[J]. Flora Mesoamericana, 4(1):1-855.

FORBES H O, 1882. Two kinds of stamens with different functions in the same flower[J]. Nature, 26: 386.

FROHLICH D, LAU A, 2010. New plant records from O'ahu for 2008. In: Evenhuis, Neal L. and Eldredge, Lucius G., eds[J]. Records of the Hawaii Biological Survey for 2008. Bishop Museum Occasional Papers 107:3-18.

GROSS C L, 1993. The breeding system and pollinators of Melastoma affine (Melastomataceae): a pioneer shrub in tropical Australia[J]. Biotropica, 25(4):468-474.

GROSS C L, KUKUK P F, 2001. Foraging strategies of amegilla anomola at the flowers of melastoma affine - No evidence for separate feeding and pollinating anthers[J]. Acta Horticulturae, (561):171-178.

LIMA L F G D, ROSÁRIO A S D, BAUMGRATZ J F A, 2014. Melastomataceae em f. ções costeiras de restingas no Pará, Brasil[J]. Acta Amazonica, 44(1):45-57.

LUO Z L, ZHANG D X, RENNER S S, 2008. Why two kinds of stamens in buzz-pollinated flowers? Experimental support for Darwin's division-of-labour hypothesis[J]. Functional Ecology, 22(5):794-800.

MERRILL E D, 1923. An enumeration of Philippine flowering plants, vol. 3[M]. Manila: Bureau of Printing: 628.

MÜLLER H, 1881. Two kinds of stamens with different functions in the same flower[J]. Nature, 24: 307-308.

OPPENHEIMER H L, 2004. New Hawaiian plant records for 2003. In: Evenhuis, Neal L. and Eldredge, Lucius G., eds[J]. Records of the Hawaii Biological Survey for 2003. Part 2: Notes. Bishop Museum Occasional Papers, 79:8-20.

PARKER J L, PARSONS B, 2010. New plant records from the Big Island for 2008. In: Evenhuis, Neal L. and Eldredge, Lucias G., eds[J]. Records of the Hawaii Biological Survey for 2008. Bishop Museum Occasional Papers, 107:41-43.

SOLT M L, WURDACK J J, 1980. Chromosome numbers in the Melastomataceae[J]. Phytologia, 47:199-220.

STAPLES G W, HERBST D R, IMADA C T, 2000. Survey of invasive or potentially invasive cultivated plants in Hawai'i[J]. Bishop Museum Occasional Papers, No. 65. :35.

WAGNER W L, HERBST D R, SOHMER S H, 1999. Manual of the flowering plants of Hawai'i[J]. Rev. ed. Honolulu, Hawai'i, USA: University of Hawaii Press:1919.

WHIFFIN, TREVOR P, 1972. A systematic study of the genus Heterocentron (Melastomataceae)[J]. The university of Texas at Austin, Ph. D. Botany.

WOLFE A D, 1991. Tracking pollen flow of Solanum rostratum (Solanaceae) using backscatter scanning electron microscopy and X-ray microanalysis[J]. American Journal of Botany, 78(11):1503–1507.

https://www. cabi. org/isc/datasheet/120226#98BDAB0E-437C-4C55-BEEA-0F6B06853424

http://www. darwinproject. ac. uk/letter/DCP-LETT-3404. xml

http://ppbc. iplant. cn/

https://wildlifeofhawaii. com/flowers/763/heterocentron-subtriplinervium-pearlflower/

http://www. fpcn. net/a/guanmu/20131016/Tibouchina_aspera_var_asperrima. html

附录1 植物园野牡丹科植物名录

中文名	拉丁名	仙湖园	华南园	版纳园	桂林园	庐山园	昆明园	厦门园	武汉园	广西药园
棱果花	*Barthea barthei* (Hance ex Benth.) Krasser	√								
柏拉木	*Blastus cochinchinensis* Lour.	√	√							
少花柏拉木	*Blastus pauciflorus* (Benth.) Guillaumin		√							
刺毛柏拉木	*Blastus setulosus* Diels	√								
叶底红	*Bredia fordii* (Hance) Diels	√	√							
小叶野海棠	*Bredia microphylla* H. L. Li	√								
短柄野海棠	*Bredia sessilifolia* H. L. Li		√							
鸭脚茶	*Bredia sinensis* (Diels) H. L. Li			√						
短茎异药花	*Fordiophyton brevicaule* C. Chen		√							
大明山异药花	*Fordiophyton damingshanense* S. Y. Liu & X. Q. Ning	√								
异药花	*Fordiophyton faberi* Stapf		√			√	√		√	
蔓茎四瓣果	*Heterocentron elegans* (Schltdl.) Kuntze	√		√				√		
蔓性野牡丹	*Heterotis rotundifolia* (Smith) Jacq.-Fél.	√		√				√		
吊灯酸脚杆	*Medinilla cummingii* Naudin	√								
台湾酸脚杆	*Medinilla formosana* Hayata							√		
酸脚杆	*Medinilla lanceata* (M. P. Nayar) C. Chen			√						
粉苞酸脚杆	*Medinilla magnifica* Lindl.	√								
北酸脚杆	*Medinilla septentrionalis* (W. W. Sm.) H. L. Li	√	√							
地菍	*Melastoma dodecandrum* Lour.	√	√		√	√	√			√
细叶野牡丹	*Melastoma intermedium* Dunn	√	√							
野牡丹	*Melastoma malabathricum* L.	√		√	√		√	√		√
白花野牡丹	*Melastoma malabathricum* D. Don f. *albiflorum* J. C. Ou	√	√	√						√
毛菍	*Melastoma sanguineum* Sims	√	√	√						√
天蓝谷木	*Memecylon caeruleum* Jack			√						
谷木	*Memecylon ligustrifolium* Champ. ex Benth.	√								
黑叶谷木	*Memecylon nigrescens* Hook. & Arn.		√							
棱果谷木	*Memecylon octocostatum* Merr. & Chun		√							
金锦香	*Osbeckia chinensis* L.		√							√
星毛金锦香	*Osbeckia stellata* Buch.-Ham. ex Ker Gawl.		√							
尖子木	*Oxyspora paniculata* (D. Don) DC.	√					√			
锦香草	*Phyllagathis cavaleriei* (H. Lév. et Van.) Guillaum	√					√		√	√
红敷地发	*Phyllagathis elattandra* Diels	√								
肉穗草	*Sarcopyramis bodinieri* H. Lév. & Vaniot		√			√				
楮头红	*Sarcopyramis napalensis* Wall.		√							
蜂斗草	*Sonerila cantonensis* Stapf		√							
角茎野牡丹	*Tibouchina granulosa* (Desr.) Cogn.	√	√	√						
银毛野牡丹	*Tibouchina heteromalla* (D. Don) Cogn.	√	√	√				√		√
巴西野牡丹	*Tibouchina semidecandra* (Mart. et Schrank ex DC.) Cogn.	√	√			√		√		
蒂牡花	*Tibouchina urvilleana* (DC.) Cogn.	√	√	√				√		
虎颜花	*Tigridiopalma magnifica* C. Chen	√	√							
总计	16 属 39 种 1 变型	24种1变型	23种1变型	12种1变型	3种	3种	7种	7种	2种	7种

注：表中"仙湖园""华南园""版纳园""桂林园""庐山园""昆明园""厦门园""武汉园""广西药园"分别为深圳市中国科学院仙湖植物园、中国科学院华南植物园、中国科学院西双版纳热带植物园、广西壮族自治区中国科学院广西植物研究所、江西省中国科学院庐山植物园、中国科学院昆明植物研究所、厦门市园林植物园、中国科学院武汉植物园、广西壮族自治区药用植物园的简称。

附录2 植物园地理环境

深圳市中国科学院仙湖植物园（深圳市仙湖植物园管理处）

仙湖植物园位于广东省深圳市罗湖区东郊，东倚梧桐山，西临深圳水库，地处北纬22°34'，东经114°10'，海拔26~605m，地带性植被为南亚热带季风常绿阔叶林，属亚热带海洋性气候，依山傍海，气候温暖宜人，年平均气温22.3℃，极端最高气温38.7℃，极端最低气温0.2℃。每年4~9月为雨季，年均降水量1933.3mm，雨量充足，相对湿度71%~85%。日照时间长，平均年日照时数2060h。土壤母质为页岩、砂岩分化的黄壤，沟边多石砾，呈微酸至中性，pH 5.5~7.0。

中国科学院华南植物园

华南植物园位于广东省广州市东北部，地处北纬23°10'，东经113°21'，海拔24~130m的低丘陵台地，地带性植被为南亚热带季风常绿阔叶林，属南亚热带季风湿润气候，夏季炎热而潮湿，秋冬温暖而干旱，年平均气温20~22℃，极端最高气温38℃，极端最低气温0.4~0.8℃，7月平均气温29℃，冬季几乎无霜冻。大于10℃年积温6400~6500℃，年均降水量1600~2000mm，年蒸发量1783mm，雨量集中于5~9月，10月至翌年4月为旱季；干湿明显，相对湿度80%。干枯落叶层较薄，土壤为花岗岩发育而成的赤红壤，沙质中壤，含氮量0.068%，速效磷0.03mg/100 g土，速效钾2.1~3.6mg/100g土，pH 4.6~5.3。

中国科学院西双版纳热带植物园

西双版纳热带植物园位于云南省西双版纳州勐腊县勐仑镇，占地面积1125公顷。地处印度马来热带雨林区北缘（20°4'N，101°25'E，海拔550~610m）。终年受西南季风控制，热带季风气候。干湿季节明显，年平均气温21.8℃，最热月（6月）平均气温25.7℃，最冷月（1月）平均气温16.0℃，终年无霜。根据降雨量可分为旱季和雨季，旱季又可分为雾凉季（11月至翌年2月）和干热季（3~4月）。干热季气候干燥，降水量少，日温差较大；雾凉季降水量虽少，但从夜间到次日中午，都会存在大量的浓雾，对旱季植物的水分需求有一定补偿作用。雨季时，气候湿热，水分充足，降雨量1256mm，占全年的84%。年均相对湿度为85%，全年日照数为1859小时。西双版纳热带植物园属丘陵—低中山地貌，分布有砂岩、石灰岩等成土母岩，分布的土壤类型有砖红壤、赤红壤、石灰岩土及冲积土。

广西壮族自治区中国科学院广西植物研究所（桂林植物园）

广西植物研究所（桂林植物园）位于广西壮族自治区桂林市雁山，地处北纬25°11'，东经110°12'，海拔约150m，地带性植被为南亚热带季风常绿阔叶林，属中亚热带季风气候。年平均气温19.2℃，最冷月（1月）平均气温8.4℃，最热月（7月）平均气温28.4℃，极端最高气温40℃，极端最低气温-6℃，≥10℃的年积温5955.3℃。冬季有霜冻，有霜期平均6~8d，偶降雪。年均降水量1865.7mm，主要集中在4~8月，占全年降水量73%，冬季雨量较少，干湿交替明显，年平均相对湿度78%，土壤为砂页岩发育而成的酸性红壤，pH 5.0~6.0。0~35cm的土壤营养成分含量：有机碳0.6631%，有机质1.1431%，全氮0.1175%，全磷0.1131%，全钾3.0661%。

江西省中国科学院庐山植物园

庐山植物园位于江西省北部，地处北纬29°35'，东经115°59'，海拔1000~1360m的庐山东南部含鄱口侵蚀沟谷，地带性植被为中亚热带常绿阔叶林，属于亚热带北部山地湿润性季风气候，春季潮湿，夏季凉爽，秋季干燥，冬季寒冷，年均气温11.4℃，极端最高气温32.8℃，极端最低气温-16.8℃；年均降水量1917.8mm，比同纬度丘陵地区多500mm左右，其中4~7月份的降水量约占全年降水量的70%，年均相对湿度80%。土壤以砂岩或石英砂岩发育而成的山地黄壤和黄棕壤为主，有机质6.3%~12.6%，碱解氮261.8~431.3mg/kg，速效磷1.1~4.9mg/kg，pH 3.8~5.1。

中国科学院昆明植物研究所（昆明植物园）

昆明植物园位于云南省昆明市北郊，地处北纬25°01'，东经102°41'，海拔1990m，地带性植被为西部（半湿润）常绿阔叶林，属亚热带高原季风气候。年平均气温14.7℃，极端最高气温33℃，极端最低气温-5.4℃，最冷月（1月、12月）月均温7.3~8.3℃，年平均日照2470.3 h，年均降水量1006.5mm，12月至翌年4月（干季）降水量为全年的10%左右，年均蒸发量1870.6mm（最大蒸发量出现在3~4月），年平均相对湿度73%。土壤为第三纪古红层和玄武岩发育的山地红壤，有机质及氮磷钾的含量低，pH 4.9~6.6。

厦门市园林植物园

厦门市园林植物园位于福建省厦门市思明区，居厦门岛东南隅的万石山中，北纬24°27'，东经118°06'，海拔高度44.3~201.2m，属地处北回归线边缘，全年春、夏、秋三季明显，属南亚热带海洋性季风气候型，地带植被隶属于"闽西博平岭东南部湿热南亚热带雨林小区"。厦门年平均气温21.0℃，最低气温月（2月）平均温度12℃以上，最热月（7~8月）平均温度28℃，没有气温上的冬季，极端最低温度1℃（2016年1月24日），极端最高温38.4℃（1953年8月16日），年日照时数1672h。年平均降雨量在1200mm左右，每年5~8月份雨量最多，年平均湿度在为76%。风力一般3~4级，常向主导风力为东北风。由于太平洋温差气流的关系，每年平均受4~5次台风的影响，且多集中在7~9月份。土壤类型为花岗岩风化物组成的粗骨性砖红壤性红壤，pH 5~6，土层不厚，有机质含量少，蓄水保肥能力差。

中国科学院武汉植物园

武汉植物园位于湖北省武汉市东部东湖湖畔，地处北纬30°32'，东经114°24'，海拔22m的平原，地带性植被为中亚热带常绿阔叶林，属北亚热带季风性湿润气候，雨量充沛，日照充足，夏季酷热，冬季寒冷，年均气温15.8~17.5℃，极端最高气温44.5℃，极端最低气温-18.1℃，1月平均气温3.1~3.9℃，7月平均气温28.7℃，冬季有霜冻。活动积温5000~5300℃，年降水量1050~1200mm，年蒸发量1500mm，雨量集中于4~6月，夏季酷热少雨，年平均相对湿度75%。枯枝落叶层较厚，土壤为湖滨沉积物上发育的中性黏土，含氮量0.053%，速效磷0.58mg/100g土，速效钾6.1~10mg/100g土，pH 4.3~5.0。

广西壮族自治区药用植物园

广西壮族自治区药用植物园位于广西南宁市的东北部，地处北纬22.51°，东经108.19°，海拔72~113m，地带性植被类型属常绿季节性雨林，气候属湿润的南亚热带季风气候，阳光充足、雨量充沛，气候温和，年均温17~23℃，绝对最高温40.4℃，绝对最低温-2.1℃，霜期短，年平均有霜日数仅4.3天，终年日平均气温都在0℃以上。年降雨量1250~2800mm，平均相对湿度为79%，年均日照时数1827h。地貌以丘陵盆地为主，土壤为花岗岩发育而成的赤红壤，呈微酸性，pH4.5~5.5，土壤有机质含量为2%~3%。

中文名索引

B
巴西野牡丹 125
芭茜 028
白埔笔花 081
白花山石榴 081
白花野牡丹 081
白九螺仔花 081
柏拉木 031
宝莲灯花 068
豹牙兰 078
杯子草 098
北酸脚杆 071
崩疮药 031

C
朝天罐子 098
刺毛柏拉木 035
翠蓝木 129

D
大金香炉 078
大莲蓬 132
大明山异药花 049
大野牡丹 028
地苓 073
地枇杷 073
地樱子 073
蒂牡丹 129
蒂牡花 129
吊灯酸脚杆 062
短柄野海棠 042
短茎异药花 047
多花蔓性野牡丹 055

E
峨眉异药花 051

F
粉苞酸脚杆 068
粉光花 055
蜂斗草 117
伏毛肥肉草 051

G
谷木 091

H
黑叶谷木 093
红敷地发 109

红狗杆木 085
喉痧药 117
虎颜花 132
黄金梢 031

J
鸡头木 085
尖尾痧 117
尖子木 103
角茎野牡丹 120
角木 091
金锦香 098
金香炉 098
锦香草 107
九节兰 044
酒瓶果 103

K
开口枣 085
壳木 091

L
棱果谷木 095
棱果花 028
棱果木 028
瘤药野海棠 038

M
蔓茎四瓣果 055
蔓性野牡丹 058
猫耳朵草 107
毛苓 085
毛药花 028
墨西哥野牡丹 055

N
尼泊尔肉穗草 114

P
铺地锦 073
铺地毡 107

R
肉穗草 112

S
桑勒草 117
山地苓 073
山梨子 091

山落茄 044
山石榴 078
山甜娘 031
少花柏拉木 033
石发 109
石莲 109
水牡丹 042
四大天王 117
酸脚杆 066

T
台湾酸脚杆 064
台湾野牡丹藤 064
藤野牡丹 055
天蓝谷木 089
天香炉 098
甜娘 085

X
西南野海棠 038
细叶野牡丹 076
小背笼 098
小叶野海棠 040
星毛金锦香 100
熊巴耳 107
熊巴掌 107
熊掌 132

Y
鸭脚茶 044
砚山红 103
艳紫野牡丹 125
野牡丹 078
叶底红 038
异药花 051
银毛野牡丹 123
雨伞子 044

Z
珍珠宝莲 068
雉头叶 085
中华野海棠 044
猪古稔 078
楮头红 114
紫花野牡丹 125
紫茄子 073
紫叶蔓性野牡丹 055

拉丁名索引

B

Barthea barthei ·················· 028

Blastus cochinchinensis ·················· 031

Blastus pauciflorus ·················· 033

Blastus setulosus ·················· 035

Bredia fordii ·················· 038

Bredia microphylla ·················· 040

Bredia sessilifolia ·················· 042

Bredia sinensis ·················· 044

F

Fordiophyton brevicaule ·················· 047

Fordiophyton damingshanense ·················· 049

Fordiophyton faberi ·················· 051

H

Heterocentron elegans ·················· 055

Heterotis rotundifolia ·················· 058

M

Medinilla cummingii ·················· 062

Medinilla formosana ·················· 064

Medinilla lanceata ·················· 066

Medinilla magnifica ·················· 068

Medinilla septentrionalis ·················· 071

Melastoma dodecandrum ·················· 073

Melastoma intermedium ·················· 076

Melastoma malabathricum ·················· 078

Melastoma malabathricum f. *albiflorum* ·················· 081

Melastoma sanguineum ·················· 085

Memecylon caeruleum ·················· 089

Memecylon ligustrifolium ·················· 091

Memecylon nigrescens ·················· 093

Memecylon octocostatum ·················· 095

O

Osbeckia chinensis ·················· 098

Osbeckia stellata ·················· 100

Oxyspora paniculata ·················· 103

P

Phyllagathis cavaleriei ·················· 107

Phyllagathis elattandra ·················· 109

S

Sarcopyramis bodinieri ·················· 112

Sarcopyramis napalensis ·················· 114

Sonerila cantonensis ·················· 117

T

Tibouchina granulosa ·················· 120

Tibouchina heteromalla ·················· 123

Tibouchina semidecandra ·················· 125

Tibouchina urvilleana ·················· 129

Tigridiopalma magnifica ·················· 132

致谢

本书的出版承蒙以下单位的大力支持。

主持单位：
深圳市中国科学院仙湖植物园

参加单位：
中国科学院华南植物园
中国科学院西双版纳热带植物园
广西壮族自治区中国科学院广西植物研究所
江西省中国科学院庐山植物园
中国科学院昆明植物研究所
厦门市园林植物园
中国科学院武汉植物园
广西壮族自治区药用植物园
广西大学

在此，表示衷心的感谢！